WISSENSCHAFTLICHE ERGEBNISSE

DER SCHWEDISCHEN SÜDPOLAR-EXPEDITION
1901–1903

UNTER LEITUNG VON DR. OTTO NORDENSKJÖLD

BAND III.   LIEFERUNG 10

LE CONGLOMÉRAT PLEISTOCÈNE A PECTEN DE L'ÎLE COCKBURN

PAR

ANDERS HENNIG

AVEC 5 PLANCHES

STOCKHOLM
LITHOGRAPHISCHES INSTITUT DES GENERALSTABS
1911

HAAR & STEINERT, A. EICHLER, SUCC:R
PARIS

DULAU & CO
LONDON W

Schwedische Südpolar-Expedition.

Dieses Werk erscheint in 6 oder 7 Bänden und wird in Abteilungen, welche je eine Monographie enthalten, publiziert. Der Text ist auf gegen 4000 Druckseiten mit ca. 300 Tafeln sowie zahlreichen Textfiguren und Karten veranschlagt. Die Abhandlungen werden in deutscher, englischer oder französischer Sprache gedruckt.

Bis jetzt sind folgende Lieferungen erschienen:

Band I. **Reiseschilderung. Geographie. Kartographie. Hydrographie. Erdmagnetismus. Hygiene etc.**

    Lief. 1. NORDENSKJÖLD, O. Die Expedition und ihre geographischen Ergebnisse. (Preis etwa Mark 20.—). Im Druck.

    Lief. 2. (Noch nicht gedruckt).

    Lief. 3 und 4. EKELÖF, E. Die Gesundheits- und Kranken-Pflege. — Über »Präserven-Krankheiten». Preis Mark 3.—.

Band II. **Meteorologie.**

    Lief. 1. BODMAN, G. Das Klima als eine Funktion von Temperatur und Windgeschwindigkeit. Mit 1 Tafel. Preis Mark 4.—. (Für Subskribenten auf das ganze Werk Mark 3.—).

    Lief. 2. BODMAN, G. Stündliche Beobachtungen bei Snow Hill. Mit 3 Tafeln und 1 Karte. Preis Mark 28.—. (Für Subskribenten Mark 22.—).

    Lief. 3. BODMAN, G. Beobachtungen an Bord der »Antarctic» und auf der Paulet-Insel. Mit 1 Tafel und 1 Karte. Preis Mark 9.—. (Für Subskribenten Mark 7.—).

    Lief. 4. BODMAN, G. Zusammenfassung der allgemeinen Resultate. Mit 62 Tafeln. Preis Mark 30.—. (Für Subskribenten Mark 24.—).

Preis des ganzen Bandes II: Mark 71.—. (Bei Subskription auf das ganze Werk Mark 56.—).

Band III. **Geologie und Paläontologie.**

    Lief. 1. WIMAN, C. Die alttertiären Vertebraten der Seymourinsel. Mit 8 Tafeln. Preis Mark 10.—. (Für Subskribenten Mark 8.—).

    Lief. 2. ANDERSSON, J. G. The Geology of the Falkland Islands. With 9 Plates and Maps. Preis Mark 10.—. (Für Subskribenten Mark 8.—).

    Lief. 3. DUSÉN, P. Die tertiäre Flora der Seymourinsel. Mit 4 Tafeln. Preis Mark 5.—. (Für Subskribenten Mark 4.—).

    Lief. 4. SMITH WOODWARD, A. On Fossil Fish-Remains. With 1 Plate. Preis Mark 2.—. (Für Subskribenten Mark 1.50).

    Lief. 5. FELIX, J. Die fossilen Korallen. Mit 1 Tafel. Preis Mark 3.—. (Für Subskribenten Mark 2.—).

    Lief. 6. KILIAN, W., et REBOUL, P. Les Céphalopodes Néocrétacés. Avec 20 planches. Preis Mark 18.—. (Für Subskribenten Mark 15.—).

    Lief. 7. BUCKMAN, S. S. Fossil Brachiopoda. With 3 Plates. Preis Mark 5.—. (Für Subskribenten Mark 4.—).

Le Conglomérat pleistocène à Pecten
de l'île Cockburn.

Par

ANDERS HENNIG.

(Avec 5 Pl. et 4 Fig. dans le texte.)

CHAPITRE I.

Examen de la géologie de l'île Cockburn. [1]

L'île Cockburn, située à l'entrée nord du Détroit de l'Amirauté entre l'île Seymour et l'île James Ross à 56° 50′ de Longitude Ouest et 64° 13′ de Latitude Sud, présente un profil singulièrement caractéristique. (Fig. 2, 3.)

Par dessous une pente assez abrupte de roches sablonneuses molles, appartenant aux *Snow Hill beds* du système crétacique — sénonien supérieur.

Dans ces *Snow Hill beds*, entouré latéralement par eux, repose immédiatement à côté du filon éruptif qui traverse la couche sédimentaire de la pente, un grès plus ferme, riche en glauconie, et qui forme ici un banc d'un mètre de puissance. Comme un éboulis a fait disparaître les limites entre le grès crétacique friable et ce grès à glauconie plus ferme, M. le professeur J. GUNNAR ANDERSSON a, sous toutes réserves d'ailleurs, exprimé l'opinion, que la roche à glauconie constitue un aspect un peu divergent du grès moins solide de la série de Snow Hill, en d'autres termes qu'elle appartient au système crétacique. Mais depuis que j'ai trouvé dans ce grès à glauconie quelques zoarium de *Aspidostoma giganteum* BUSK, espèce de Bryozoaires qui apparaît dans le miocène et a continué à vivre jusqu'à notre époque, on doit con-

---

[1] Cet exposé repose essentiellement sur l'étude de J. GUNNAR ANDERSSON, On the Geology of Graham Land, Bull. Geol. Instit. of Upsala, Vol. 7.

Fig. 1. Croquis de la partie septentrionale de la Terre de Graham et des îles avoisinantes au $\frac{1}{5,000,000}$ (d'après J. GUNNAR ANDERSSON, On the Geology of Graham Land, Bull. Geol. Inst. of Upsala, Vol. 7, pl. 4).

sidérer comme démontré que le grès à glauconie ne peut pas être plus ancien que le miocène.[1]

Fig. 2. L'île Cockburn vue de l'E. S. E., d'après la photographie de l'op. cit. de J. GUNNAR ANDERSSON, pl. 1 C.

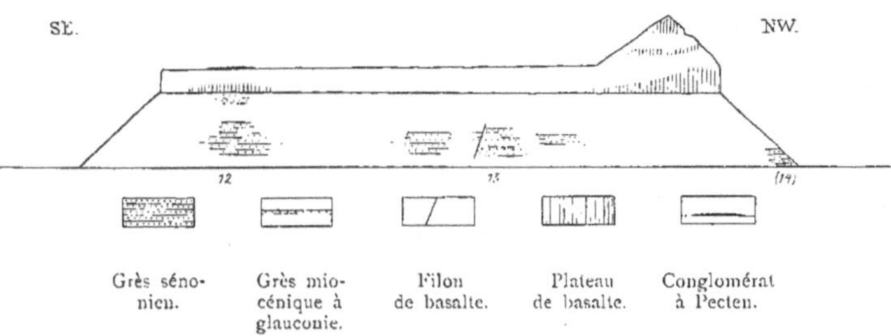

Fig. 3. Profil schématique de l'île Cockburn (J. GUNNAR ANDERSSON, Remarks on the age of the Brachiopod yielding beds of Cockburn Island, Wiss. Ergebn. Schwed. Südpolar-Exped., Vol. III: 7, p. 42).

---

[1] Après avoir écrit ce qui précède, je vois dans l'épreuve »d'Antarctic fossil Brachiopoda collected by the Swedish South Polar Expedition 1901—3» — Wissensch. Ergebn. d. Schwed. Südpolar-Exped. 1901—1903, Vol. III: 7 — par M. S. S. BUCKMAN, ouvrage qu'on a bien voulu déjà mettre à ma disposition, qu'à cause de la faune des brachiopodes de la couche en question, M. BUCKMAN est d'avis que cette couche appartient à l'oligocène-miocène ou plutôt au miocène.

La craie et la couche glauconieuse sont traversées par un filon de basalte et recouvertes par une formation de basalte consistant en lits de lave alternant avec des couches de tuf. Cette formation éruptive repose directement sur le grès crétacique appartenant, d'après le Docteur WILCKENS, au sénonien supérieur; le grès glauconieux qui, presque certainement, recouvrait la craie sénonienne, a donc complètement disparu par érosion avant l'époque de l'éruption basaltique. Il n'est resté du grès glauconieux que le tout petit fragment dont je viens de parler, protégé d'une manière ou de l'autre contre les forces d'érosion.

Le basalte (le raidillon escarpé qui surmonte les couches sédimentaires moins abruptes [fig. 2, 3]) constitue le plateau horizontal supérieur de l'île dont la surface, d'après l'estimation de J. GUNNAR ANDERSSON, se trouve à une hauteur de 220 à 250 m. au-dessus du niveau de la mer, et qui, dans la partie septentrionale de l'île, s'élève en un sommet d'érosion de forme conique dont la pointe, d'après les calculs du Docteur BODMAN, atteint une hauteur de 450 m. au-dessus du niveau de la mer.

Sur les pentes s'étendent en grandes masses, tombés par éboulement des parties supérieures, des fragments détachés d'un conglomérat gris foncé, et d'une roche semblable à du grès, avec de grandes coquilles de Pecten bien conservées. Cet ensemble a ultérieurement reçu de J. GUNNAR ANDERSSON le nom de *Conglomérat à Pecten*.

Les fragments parallélipipédiques se trouvent accumulés sur toute la longueur de la pente jusqu'à la pointe de basalte. Il était impossible de faire l'ascension de cette pointe du côté est, mais M. J. GUNNAR ANDERSSON a vu des blocs de ce même Conglomérat à Pecten à demi-suspendus au-dessus du raidillon et prêts à s'ébouler d'un moment à l'autre. Cette position des fragments montre que le Conglomérat à Pecten peut aussi recouvrir le basalte.

Ce Conglomérat à Pecten constitué évidemment aux dépens des roches basaltiques doit donc être plus récent que cette formation. De quelle époque est donc le basalte?

Dans son ouvrage cité plus haut sur la géologie de la Terre de Graham,[1] J. GUNNAR ANDERSSON estime comme très vraisemblable que le basalte est miocène récent, et cela, en raison de la constitution géologique générale de la région. Depuis que j'ai montré (voir plus haut) que dans les pentes du rivage de l'île Cockburn se présentent, outre les depôts appartenant au système crétacique, des dépôts appartenant au miocène, et qu'ainsi donc les formations miocéniques sont traversées et recouvertes par les parties différentes de la formation de basalte, on doit considérer comme démontré que cette formation dans l'île Cockburn appartient à la série miocène récente ou post-miocène.

A cela vient s'ajouter une autre circonstance: presque tous les dépôts miocènes à l'exception du petit reste insignifiant mentionné plus haut ont disparu par érosion,

---

[1] Bullet. Geol. Inst. of Upsala, Vol. 7, p. 61, 63.

avant l'éruption du basalte. Cela démontre que le basalte peut difficilement être miocène récent et qu'il doit plutôt être post-miocène.

L'éruption du basalte a évidemment été subaérienne et la partie de la formation de basalte qui recouvre ce que nous appelons aujourd'hui l'île Cockburn doit donc à l'époque de l'éruption s'être trouvée au-dessus du niveau de la mer. Dans l'hypothèse où le Conglomérat à Pecten se serait formé non seulement aux dépens du basalte mais encore comme un véritable dépôt au-dessus du basalte il faut que ce basalte au moment de la formation du Conglomérat à Pecten se soit abaissé au-dessous du niveau de la mer.

En ce qui concerne l'île Seymour, voisine de l'île Cockburn, il est actuellement impossible d'établir si les quelques blocs étrangers de roches cristallines qui se trouvent disséminés sur le plateau de l'île (à environ 180 m. au-dessus du niveau de la mer) y ont été apportés par une landise ou par un iceberg. On pourrait alors considérer comme possible que les parties du Conglomérat à Pecten qui se trouvent actuellement sur le plateau de l'île Cockburn à environ 220—250 m. au-dessus du niveau de la mer y aient été apportées d'ailleurs par une landise ou un iceberg.

D'après une communication orale du Professeur ANDERSSON les fragments avaient exactement la forme parallélipipédique que reçoivent les parties d'une masse de roche sédimentaire qui se détachent après avoir été minées par-dessous; aucune trace ne montre qu'elles aient été usées, ou d'une manière générale transportées par les glaces; en outre elles n'apparaissent pas sporadiquement comme les blocs de l'île Seymour, mais réunies en de grandes masses sur toute la longueur de la pente en talus. Toutes ces circonstances avaient amené le Professeur ANDERSSON à la conviction que le Conglomérat à Pecten subsiste encore là comme un petit reste d'érosion au-dessus de la formation de basalte et que les parties de cette couche ont été minées par-dessous et se sont éboulées avec le basalte qui repose sur des couches crétacées et miocènes facilement destructibles.

De tout ce qui précède on peut donc conclure avec une assez grande vraisemblance que le basalte post-miocène de l'île Cockburn (comme d'ailleurs aussi des parties avoisinantes du continent antarctique) était à l'époque du dépôt du Conglomérat à Pecten sous le niveau de la mer. (ANDERSSON suppose que le cône de basalte de la partie septentrionale de l'île pointait comme un petit récif au-dessus du niveau de la mer.) Après cette époque la région s'est élevée; l'exhaussement, en ce qui concerne l'île Cockburn, atteint actuellement au moins 220 m. + le chiffre qui donne la profondeur au-dessous du niveau de la mer à laquelle le dépôt du Conglomérat à Pecten a eu lieu.

J. GUNNAR ANDERSSON a en outre montré deux lignes de rivage post-glaciaires creusées dans la pente en talus de l'île Cockburn, la ligne inférieure à une hauteur de o^m,5, la ligne supérieure à une hauteur de 7 m. au-dessus du niveau actuel de la mer. Ces lignes sont évidemment de dates très récentes. Si l'on n'a pas pu observer des lignes du même genre plus anciennes et placées à un niveau plus élevé, cela vient sans doute de ce que de telles lignes, si elles ont jamais existé, ont été rapidement détruites et effacées par le travail de désagrégation de la gelée, extrêmement intense là, et aussi par un écoulement de détritus très fréquent dans ces régions, à la suite de la fonte des neiges.[1]

Des données géologiques mentionnées ici, nous ne pouvons tirer au sujet de l'âge du Conglomérat à Pecten que la conclusion suivante: *Le Conglomérat est plus jeune que le basalte post-miocène.*

CHAPITRE II.

Pétrographie du Conglomérat à Pecten.

La masse de roches dans laquelle les restes d'organismes marins décrits plus bas gisent renfermés peut être approximativement désignée comme un tuf gréseux peu consistant, gris foncé, avec des couches de blocs et de plus petits fragments de basalte, avec en outre, dans des cas assez rares, du granit à biotite, appartenant, d'après le Professeur OTTO NORDENSKJÖLD, au type andin.[2]

Le plus grand bloc observé avait un diamètre de 1^m,8; on trouve assez souvent aussi des blocs de la grosseur du poing ou d'une noix; cependant les blocs et les fragments sont d'ordinaire encore plus petits; ils ont les dimensions de fins graviers et même parfois de grains de sable; dans ce dernier cas, le conglomérat s'est transformé en un grès à grains plus égaux. Ainsi donc, il n'y a pas de limite exacte dans la nature entre le conglomérat et le grès; je les décrirai cependant pour plus de clarté séparément.

I. Conglomérat.

Les blocs qui font partie de la roche sont en règle générale bien arrondis et constituent évidemment des galets polis par l'eau ou un fin gravier de plage. Leurs dimensions, comme nous l'avons déjà indiqué, sont extrêmement variables. D'après la structure de la roche, certains blocs peuvent être caractérisés comme basalte ophitique, d'autres comme basalte microlithique.

Les fragments du basalte ophitique consistent en une masse principale finement grenue, à texture ophitique, parsemée de phénocristes (BRÖGGER) assez grands de plagioclase et d'augite.

---

[1] J. GUNNAR ANDERSSON, On the Geology of Graham land, Bullet. Geol. Instit. of Upsala, Vol. 7, p. 57.
[2] J. GUNNAR ANDERSSON, Op. cit., p. 51.

Les plus grands plagioclases en cristaux très allongés apparaissent maclés suivant la loi de l'albite. L'angle maximal d'extinction sur P (001) rapporté à la trace de M (101) est de 35°, ce qui permet de donner pour la composition du plagioclase la formule: $Ab^{47} An^{53}$ ou approximativement $Ab\ An$, c'est-à-dire un labrador basique qui se rapproche du bytownit.

Les plagioclases de la pâte composés eux aussi de deux ou de plusieurs lamelles hémitropes, suivant la loi de l'albite, montrent un angle d'extinction moindre [sur P (001) rapporté à la trace de M (101)] que les phénocristes. Dans l'hypothèse où le plus grand angle mesuré, 25°, représente véritablement le maximum d'extinction, les plagioclases de la pâte auraient une composition de $Ab^3 An^2$, c'est-à-dire qu'ils seraient plus acides que les phénocristes.

La consolidation des plagioclases a donc commencé ici comme dans beaucoup d'autres cas par la cristallisation des variétés plus basiques pour continuer par la cristallisation des variétés plus acides.[1]

Les plagioclases sont jetés les uns sur les autres; les intervalles entre eux sont remplis d'une augite gris rouge non pléocroïtique, ordinairement sans indication de forme automorphe, parfois avec. Ça et là apparaissent dans la roche des augites assez grandes, disséminées, traversées d'aiguilles de plagioclase. L'olivine y est très rare; quand elle se présente, elle apparaît sous la forme d'individus automorphes de type normal. En outre, on voit des grains opaques de minerai de fer, le plus souvent rassemblés en un squelette de cristal en forme de plume, comme c'est d'ailleurs très souvent le cas dans la zone de contact des filons de diabase avec la roche avoisinante.

Cette variété de roche ressemble à s'y méprendre à celle du filon de basalte qui traverse les couches crétacées et tertiaires de l'île Cockburn.

Fragments du basalte microlithique. — La variété de roche qui est désignée ici comme basalte microlithique se distingue de la variété décrite plus haut, essentiellement par sa plus grande densité, par une disposition distinctement microfluidale des plagioclases et par la disposition de l'augite en petits grains de cristal, automorphes. L'augite est d'ordinaire plus pâle que celui du basalte ophitique, phénomène qui vraisemblablement est dû à la plus grande richesse du basalte en grains de minerai de fer librement cristallisés. Dans les spécimens que j'ai examinés je n'ai pu découvrir de masse interstitielle vitreuse; on n'y rencontre pas non plus d'olivin. — Cette variété est complètement semblable au basalte qui se trouve dans la cône de basalte de l'île Cockburn.

Dans d'autres fragments de basalte, les grains opaques augmentent en nombre, imprégnant la roche d'une fine poussière, si drue que la roche devient opaque, ne laissant voir comme parties transparentes que les plagioclases et dans quelques cas tout à fait isolés un ou quelques grains d'augite ou cristaux d'olivin isolés.

---

[1] Cf. par exemple HENNIG, Kullens kristall. bergarter, II, Lunds Univ. Årsskr., T. 35, Afd. 2, N:o 5, p. 5.

Dans certains cas les minéraux des fragments de basalte apparaissent imprégnés d'oxyde de fer sous forme de minces écailles rouge cerise ou d'une poussière rouge très finement répartie le long des clivages des cristaux, en particulier des clivages des augites.

Les grains de basalte reçoivent ainsi une forte couleur rouge. Fait remarquable, il ne se rencontre pas d'oxyde de fer dans la masse intercalaire entre les grains de basalte, seulement à l'intérieur de ces grains; autre circonstance remarquable, à côté des grains de basalte fortement colorés de rouge s'en trouvent d'autres sur lesquels les agents chimiques de désagrégation n'ont produit aucune action.

Ces constatations me semblent démontrer que les processus de désagrégation par lesquels l'oxyde de fer s'est formé n'ont pas agi sur le Conglomérat à Pecten en tant que tel, mais seulement sur le basalte aux dépens duquel le conglomérat s'est formé. Le conglomérat déjà déposé, élevé au-dessus du niveau de la mer, a été exposé à l'action d'une tout autre classe d'agents désagrégateurs que ceux qui ont produit la formation de l'oxyde de fer dans le basalte.

Les variétés de roches décrites ici sont si étroitement reliées les unes aux autres par une série de formes de transition, qu'elles constituent une série continue dont les membres ne sont séparés les uns des autres que par de petites particularités de structure produites par des circonstances extérieures quelque peu différentes au moment de la solidification.

La Masse intercalaire entre les fragments de roches est peu considérable et consiste en petits grains clairsemés, ronds ou à arêtes vives d'un verre jaune brun isotrope avec des inclusions gazeuses, ovales ou pointues, dont les longs axes sont dans un grain donné parallèles entre eux. Dans le verre se trouvent renfermés des microlithes filiformes ou lamelliformes qui en bien des cas ont pu être déterminés comme des plagioclases. On trouve en outre en un nombre moindre de petits grains ou fragments de cristaux de quartz, de microcline, de plagioclase et d'augite ainsi que des coquilles fossiles.

2. Tuf gréseux.

Ce grès contient également des blocs et de petits grains des mêmes variétés de basalte que le conglomérat, mais les blocs passent ici tout à fait au second plan, si bien que la roche est constituée par de petits grains arrondis de dimensions à peu près égales.

Ces grains se composent en grande partie de *quartz* avec des trichites et des inclusions liquides à libelle mobile, tout à fait analogue au quartz granitique ordinaire. Leur diamètre varie entre $^1/_4$ et $^1/_2$ mm. Ordinairement ils sont très bien arrondis, seuls les petits grains de moins d' $^1/_4$ de mm. ont des arêtes vives.

Les autres grains de même dimension que les grains de quartz se composent du même *verre* jaune brun décrit plus haut au sujet du conglomérat. Ces grains également sont en général bien arrondis, mais on voit aussi entre ces grains arrondis des grains à arêtes vives, phénomène qui a eu pour résultat que l'usure par l'eau n'a pas pu se produire complètement pour le verre comme pour le quartz. Parfois les microlithes de plagioclase des grains de verre augmentent en nombre de telle sorte qu'on peut dire que le verre constitue seulement une masse interstitielle entre les microlithes. Le verre a alors une teinte plus foncée et il est imprégné d'une fine poussière de grains sombres, opaques. Parfois le verre semble former une légère enveloppe autour du grain de quartz.

On trouve également des grains de microcline, de plagioclase et d'augite, mais ils sont extrêmement rares.

Quelques-uns des grains de quartz du tuf gréseux montrent les mêmes transformations particulières du bord que TÖRNEBOHM[1] a constatées sur certains blocs de grès de la Scanie centrale et que j'ai moi-même trouvées sur le tuf basaltique de Lillön en Scanie.[2] La particularité consiste en ce que dans la zone de bordure du grain de quartz se trouvent insérés de petits cristaux à biréfringence, probablement de feldspath. J'explique le phénomène comme le résultat d'une modification de la zone de bordure du grain de quartz au contact de la lave basaltique.

Il résulte de tout ce qui a été dit de la pétrographie des roches appartenant au Conglomérat à Pecten

qu'elles se sont formées pour la plupart aux dépens du basalte postmiocène en place;

qu'on y rencontre de grandes quantités de verre jaune brun, isotrope, de cendre volcanique, et, en particulier dans le tuf gréseux de quantités considérables de quartz et de feldspath granitique;

que la formation de basalte a été exposée si longtemps après l'éruption aux actions atmosphériques que, au moins dans ses parties extérieures, la magnétite originaire a eu le temps de se transformer en oxyde de fer;

que ce n'est qu'après cette époque intermédiaire que le basalte fut abaissé au-dessous du niveau de la mer, travaillé par le brisement des flots de manière à fournir des matériaux pour le Conglomérat à Pecten;

enfin que le dépôt des couches du Conglomérat à Pecten qui entourent les grandes et fragiles coquilles de Pecten s'est produit si loin de la ligne de rivage, dans des conditions si paisibles, que ces coquilles, loin de se briser, ont pu conserver tout à fait intacts les fins détails de leur structure.

---

[1] Geol. Fören. i Stockholm Förhandl., Bd. 6, p. 196.
[2] Centralblatt für Mineralogie etc., 1902, p. 359.

CHAPITRE III.

Faune.

Crustacés.

Cirripèdes.

On constate assez souvent sur les coquilles de Pecten et surtout sur les blocs du conglomérat un encroûtement de

Balanus sp.

Pl. 2, fig. 3, 4, 5, 6, 7.

Je ne peux malheureusement pas pour l'instant lui donner un nom particulier d'espèce et il m'est par conséquent impossible également de tirer de cette forme des conclusions précises au sujet de l'âge du Conglomérat à Pecten ou des conditions de température, etc., de la mer dans laquelle il a été déposé.

Ostracodes.

Les ostracodes du Conglomérat à Pecten ont été étudiés par M. le professeur G. W. MÜLLER, de Greifswald, qui nous a communiqué la liste suivante.

Cythereïs sp. appartenant au groupe *margaritifera* MÜLLER 1894,[1] *Cythereïs sp.* appartenant au groupe *convexa* et en très étroits rapports avec *Cythereïs Speyeri* BRADY, *Cytheropteron sp.* (ou peut-être = *Loxoconcha sp.*), des larves de *Cythereïs*. Toutes les espèces appartenant au genre *Cytheropteron* et au genre *Loxoconcha* sont récentes ou tout au plus pleistocènes, vivant à une faible profondeur dans le gros sable, les varechs, les algues calcaires, les polypes hydroïdes etc. *Cythereïs margaritifera* MÜLLER vit dans le golfe de Naples (à 10 m. de profondeur) sur du gros sable; *Cythereïs Speyeri* BRADY vit dans le même golfe au milieu d'algues calcaires etc., ainsi que dans l'Océan Atlantique. Aucune des espèces des genres cités ici ne peuvent nager, elles sont toutes attachées au fond.

Bien que les matériaux que nous avons à notre disposition n'aient pas permis une détermination d'espèces, l'ensemble de la faune des ostracodes semble être très jeune, récente ou tout au plus pleistocène.

---

[1] J. W. MÜLLER, Die Ostracod. d. Golfes von Neapel, Fauna u. Flora d. Golfes v. Neapel, Zool. Stat. zu Neapel, Vol. 21.

Mollusques.

Myochlamys Anderssoni n. sp.[1]

Tabl. 1, fig. 1—5; Tabl. 2, fig. 1, 2.

1906. *Pecten aff. actinodes* Sow., J. Gunnar Andersson, On the Geology of Graham Land, Bull. Geol.
Instit. of Upsala, Vol. 7, p. 53.

Les individus adultes de cette belle espèce, si importante pour le Conglomérat
à Pecten, mesurent jusqu'à 110 mm. de hauteur avec une longueur de 101 mm.; la plus
petite coquille qui figure dans les matériaux que j'ai eus à ma disposition a une
hauteur de 51 mm.; une longueur de 47 mm.; entre ces deux individus extrêmes se
place une infinité de formes intermédiaires.

Les coquilles sont remarquablement conservées, de sorte qu'elles montrent tout
à fait distinctement les détails de la sculpture du côté intérieur comme du côté extérieur.   A certains endroits on voit même des parties de l'«*epidermis*» conservées.

A l'examen de l'espèce j'ai rapidement pu constater que la sculpture de la
coquille caractéristique pour les jeunes coquilles avait au cours de la croissance subi
des modifications si profondes que le type originaire avait presque complètement
disparu.   Mais comme c'est précisément la disposition originaire des côtes qui montre
le mieux les affinités de l'espèce, il m'a semblé nécessaire de commencer la description de l'espèce par la plus petite des coquilles que j'avais à ma disposition de
manière à arriver finalement aux formes adultes en passant par la série des formes
intermédiaires.

Valve droite.

Hauteur de la valve 51 mm. (pl. 1, fig. 1, 2).

A cette hauteur correspond une longueur de 47 mm.; en d'autres termes le rapport
de la hauteur à la longueur = 1,09 : 1.   Charnière droite, d'une longueur de 21,5 mm.
Sur ces 21,5 mm., 14,5 se trouvent devant le sommet, et 7 mm. derrière. Valve très
faiblement bombée, et outre la différence de forme et de dimensions des oreilles,
quelque peu dissymétrique, cette dissymétrie étant dûe au fait que la submargo
antérieure est plus longue que la submargo postérieure.   Les *submargines* presque
absolument droites ou rentrantes d'une manière presque imperceptible se rencontrent au
sommet sous un angle à peu près droit.

---

[1] Je dédie cette espèce à M. le professeur J. Gunnar Andersson qui a découvert le Conglomérat à
Pecten de l'île Cockburn.

Du sommet partent environ 18 côtes, déjà à une distance d'environ 7 mm. du sommet la plupart de ces côtes sont dichotomes; — par suite de quoi on trouve deux côtes principales groupées par deux au lieu d'une côte principale, toutes deux de la même dimension et rapidement aussi fortes que les côtes non dichotomes.

A une distance du sommet de 12 mm. la valve est pourvue de 29—30 côtes de même dimension, quelques-unes simples, d'autres groupées par deux avec entre elles des intervalles plus petits qu'entre les côtes appartenant à des paires différentes. Dans ces derniers intervalles, non entre les côtes appartenant à la même paire, s'insèrent à une distance de 20 à 25 mm. du sommet des costules secondaires. Ces costules n'atteignent à la vérité jamais le développement des côtes principales dans l'exemplaire de la dimension en question, mais s'en rapprochent cependant beaucoup en tous cas. Au bord extérieur de la valve on voit environ 45 côtes, 30 côtes principales et 15 côtes secondaires ou costules.

Les côtes ont un dos arrondi bombé; les intervalles, environ de la largeur des côtes, forment des gouttières peu profondes (pl. I, fig. I). Au-dessus des côtes et des intervalles vont des lamelles concentriques, disposées en formes de tuiles, adhérentes, avec bord librement relevé. Sur un rayon d'une longueur de 10 mm. se trouvent environ 24—30 lamelles. Outre cette ornementation assez grossière on voit, quand la surface de la valve est particulièrement bien conservée, d'une part des stries concentriques d'une extrême finesse entre les lamelles, et d'autre part des stries longitudinales également fines passant par-dessus les stries concentriques. J'ai également observé dans *Myochlamys patagonica* KING cette contexture extrêmement fine et qui n'est visible qu'avec une forte loupe.

L'oreille antérieure est sensiblement plus grande que l'oreille postérieure, comme on l'a déjà vu par les chiffres cités plus haut; son bord supérieur libre a une longueur double de celle du bord correspondant de l'oreille postérieure.

Bord de l'oreille attenant à la submargo 14 mm. Tandis que l'angle du coin libre de l'oreille postérieure est d'environ 107°, l'angle correspondant de l'oreille antérieure mesure environ 90°. A cela s'ajoute que l'oreille antérieure a un sinus pour le byssus formant un triangle équilatéral d'environ 5 mm. de côté. Le bord submarginal de la valve antérieure est replié en une lamelle fortement saillante; la surface de cette lamelle tournée vers le sinus pour le byssus présente 4 dents libres en forme de lamelles disposées obliquement et recourbées, un *cténolium* par conséquent. Ce qui prouve que des dents analogues destinées à tenir séparés les poils du byssus se trouvaient également dans les sinus pour le byssus plus anciens, c'est-à-dire plus rapprochés du sommet, c'est qu'on aperçoit des dents analogues tout le long de la ligne de suture entre la submargo et l'oreille antérieure.

Cette partie de l'oreille antérieure que nous pouvons appeler partie du byssus a des lamelles de croissance extrêmement rapprochées mais n'a pas de côtes rayonnantes; celles-ci ne se trouvent que sur la partie supérieure, au nombre de 3 ou 4, faiblement marquées, et pourvues de lamelles de croissance concentriques très rapprochées. L'oreille postérieure a 5 côtes faiblement saillantes, rayonnantes, traversées par-dessus de même que les espaces intermédiaires par de fines lamelles concentriques.

A ce stade du développement la *Myochlamys Anderssoni* mihi de l'ile Cockburn rappelle beaucoup la *Myochlamys geminata* Sow. décrite par SOWERBY et provenant de San-Julian en Patagonie,[1] bien que la description et la figure de SOWERBY se rapportent à un stade encore plus ancien où les costules secondaires n'ont pas encore pu commencer à se former, ce qui fait que le nombre total des côtes y est beaucoup moins élevé que dans *Myochlamys Anderssoni.* Outre cette différence il y en a encore d'autres plus importantes; dans *Myochlamys geminata* Sow. plusieurs côtes secondaires se forment simultanément dans les espaces intermédiaires, dans *Myochlamys Anderssoni* il n'y a d'une manière constante qu'une côte secondaire dans chaque intervalle.

Hauteur de la valve 65 mm. (pl. 1, fig. 3).

La valve d'une hauteur de 65 mm. a une longueur de 60 mm.; le rapport entre la hauteur et la longueur est donc égal à 1,08 : 1, ainsi donc, à peu près le même que pour les coquilles encore plus petites. La valve est peut-être un peu plus bombée que dans le stade décrit plus haut.

Ici également les côtes principales apparaissent nettement géminées, quoique l'aspect vers le bord périphérique de la valve soit troublé par le fait que des côtes secondaires commencent également à s'insérer entre les côtes appartenant à la même paire à raison d'une dans chaque intervalle, ce qui fait que le groupement de ces côtes est masqué. Cependant un certain nombre de groupes de côtes manque encore, celles qui séparent les côtes principales, et le nombre total des côtes près du bord est d'environ 55.

Hauteur de la valve 73 mm. (pl. 1, fig. 4, 5).

Longueur 67 mm. Rapport de la hauteur à la longueur = 1,09 : 1. La forme générale de la valve semblable à celle des stades précédemment décrits; d'une manière générale, la disposition des côtes est également la même, même si de nouveaux éléments inter-

[1] CHARLES DARWIN, Geological Observations on South America, London 1846, p. 252, pl. 2, fig. 24. — A. E. ORTMANN, Reports of the Princeton University Expeditions to Patagonia, 1896—1899. Vol. 4, Paleontology, Part. 2., Tertiary invertebrates, p. 117, pl. 23, fig. 2 a. — H. v. IHERING, Les moll. fossiles tert. et crét. sup. de l'Argentine, Anales del Museo Nacional de Buenos Aires, Liv. 3, T. 7, p. 254.

viennent qui rendent le plan de structure originaire difficile à reconnaître. D'une part en effet les côtes secondaires deviennent de plus en plus fortes, à tel point même que parfois — du moins dans des cas isolés — elles atteignent les dimensions des côtes principales, d'autre part les côtes géminées s'éloignent de plus en plus les unes des autres et des côtes tertiaires commencent même à apparaître dans les intervalles entre les côtes principales et les côtes secondaires, assurément faibles encore, mais en tous cas, tout à fait distinctes; enfin il peut arriver qu'une ou plusieurs côtes principales se séparent en deux. Le nombre total des côtes à la périphérie de la valve en question est d'environ 70, avec, en général, quelque différence entre les côtes principales et les costules secondaires.

Charnière ici encore droite, d'une longueur de 33 mm.; sur ces 33 mm., 20 se trouvent devant et 13 derrière le sommet, c'est-à-dire que le rapport entre la longueur du bord supérieur libre de l'oreille antérieure et la longueur du bord supérieur libre de l'oreille postérieure = 3 : 2. Fossette cardinale du ligament subtriangulaire, avec la pointe placée si haut qu'elle interrompt la charnière, pl. 1, fig. 5. Des deux côtés de la fossette une proéminence arrondie irrégulière faiblement marquée.

Hauteur de la valve 104 mm. (pl. 2, fig. 1).

La forme générale de la valve est la même que dans les stades décrits précédemment; longueur 93 mm. c'est-à-dire hauteur: longueur = 1,09 : 1.

Le nombre total des côtes est d'environ 70, ainsi donc le même que dans le dernier stade décrit, mais les côtes sont devenues en général plus larges et plus fortes, tandis que simultanément les intervalles sont devenus plus étroits. Dans certaines parties de la valve on ne peut pas constater de différences entre les côtes principales et les côtes secondaires. Ceci s'applique particulièrement aux parties latérales de la valve; dans les autres parties, par contre, les côtes tertiaires, et même les côtes secondaires (quoiqu'à un degré moindre) sont moins élevées et moins larges que les côtes primaires.

Valve gauche.

La valve gauche est un peu plus fortement bombée que la valve droite et présente également une ornementation sensiblement différente de celle-ci. Du sommet partent 18 côtes principales qui se continuent, en ligne droite comme des rayons, jusqu'au bord de la coquille. Déjà à une distance de 5 à 10 mm. du sommet s'insèrent de nouvelles côtes secondaires dans les intervalles entre les côtes primaires. On peut constater ici une différence entre la valve droite et la valve gauche. Dans la première les côtes principales sont dichotomes, dans la seconde on ne constate pas de dichotomie et les nouvelles côtes s'insèrent dans les intervalles des côtes principales simples. Vers la périphérie les côtes secondaires deviennent de plus en plus larges mais elles n'atteignent jamais les dimensions des côtes primaires. A environ 30 mm. du sommet s'insère dans les intervalles entre les côtes primaires et secondaires un nouveau système de côtes tertiaires.

Ces dernières vont également sans se diviser jusqu'au bord de la valve, toujours plus faibles que les côtes secondaires. Vers le bord extérieur de la valve le nombre des côtes est d'environ 70, disposées comme le montre la pl. 2, fig. 2. Dans les parties latérales de la valve gauche comme dans les parties latérales de la valve droite, il est souvent difficile de décider si une côte est primaire ou secondaire. Les intervalles entre les côtes sont un peu creusés en forme de gouttières. Au-dessus de ces intervalles et des côtes vont des lamelles concentriques qui paraissent cependant plus grossières et plus parsemées que dans la valve droite; sur 10 mm. d'une côte ne viennent que 10 à 12 lamelles, contre un nombre double sur la valve droite. L'oreille antérieure est plus grande et d'une autre forme que l'oreille postérieure. Il n'y a pas de sinus pour le byssus. Le coin libre de l'oreille antérieure a un angle d'environ 90°, celui de l'oreille postérieure est d'environ 110°. Toutes les deux ont environ 6 faibles côtes rayonnantes et des lamelles de croissance concentriques très rapprochées.

Affinités.

Etant donné que la *Myochlamys Anderssoni* de l'île Cockburn en question n'est identique à aucune autre espèce que je connaisse et ne peut donc jusqu'à nouvel ordre servir à la détermination de l'âge du Conglomérat à Pecten il est assez important d'établir ses affinités avec d'autres espèces connues. Le groupe auquel on pense nécessairement est le groupe *Myochlamys geminata* Sow., *M. actinodes* Sow. et *M. patagonica* King. Ortmann[1] comme von Ihering[2] considèrent *M. actinodes* Sow. comme une forme d'évolution ou une «mutation» de *M. geminata* Sow.; d'après von Ihering[3] la *M. patagonica* King récente est également le résultat d'une évolution de *M. geminata* Sow. tertiaire.

Comme je l'ai déjà signalé au cours de la description de la plus petite coquille connue (hauteur 51 mm.), *Myochlamys Anderssoni* montre à ses stades de début une évidente ressemblance avec les jeunes exemplaires de *Myochlamys geminata* Sow. Toutes les deux ont les côtes principales en grande partie géminées. Au cours de l'évolution ultérieure, la concordance devient moins frappante, par suite de ce fait que dans *M. geminata* Sow. ce n'est pas 1, mais ordinairement, 4, 5 côtes

---

[1] Patagonian Expeditions, Vol. 4, p. 120.
[2] Anales Museo Nac., Ser. 3, Tom. 7, p. 250 et 394.
[3] Op. cit., p. 250.

secondaires ou davantage qui viennent s'insérer dans les intervalles entre les côtes principales outre que les côtes secondaires sont toujours sensiblement plus faibles que
les côtes principales. Même si, par conséquent, l'ornementation des coquilles adultes
des deux espèces est très différente, d'autres circonstances parlent cependant en
faveur d'une affinité entre elles. Toutes deux ont la valve droite moins bombée que
la valve gauche, tandis que les autres espèces de *Myochlamys* des parties les plus
méridionales de l'Amérique sont équivalves ou ont la valve droite plus fortement
bombée que la valve gauche. La sculpture des deux valves montre dans les deux
espèces les mêmes différences; seule la valve droite présente des côtes géminées;
dans la valve gauche le nombre des côtes s'augmente exclusivement par insertion de
nouvelles côtes dans les intervalles laissés entre les plus anciennes.

Mais bien qu'il y ait incontestablement des rapports très étroits entre *Myochlamys Anderssoni* mihi et *M. actinodes* SOW., on ne peut pas les considérer comme
deux espèces identiques.[1] D'après ORTMANN,[2] *M. actinodes* SOW. n'a de côtes
géminées sur aucune des valves, *Myochlamys Anderssoni* en a sur la valve droite.
Dans *M. actinodes* SOW. les côtes intermédiaires sont au nombre de 3 à 7, dans
M. Anderssoni il y en a une, au plus 3 dans chaque intervalle; dans *M. actinodes*
SOW. les côtes intermédiaires sont extrêmement fines, dans *Myochlamys Anderssoni*
elles sont presque aussi fortes que les côtes principales; dans *M. actinodes* SOW. il
y a 30 à 40 côtes principales, dans *Myochlamys Anderssoni* (valve gauche) 18 à 20.

Ainsi dans l'hypothèse où *Myochlamys Anderssoni* serait comme *M. actinodes*
SOW. une forme d'évolution de *M. geminata* SOW., l'évolution dans les deux cas a
suivi des routes différentes.

Comme ressemblance générale entre *Myochlamys Anderssoni* mihi et *M. patagonica* KING on peut signaler les points suivants: les oreilles ont dans les deux
espèces exactement la même forme et les mêmes dimensions relatives; le sinus pour
le byssus a dans les deux espèces la même forme et le *ctenolium* est dans les deux
espèces exactement semblable; de même la valve droite est dans les deux espèces
moins bombée que la valve gauche. Par contre les submargines sont plus rentrantes
et plus courtes dans *M. patagonica* KING, l'angle du sommet est plus grand et
toute la forme plus abaissée et plus arrondie que dans *Myochlamys Anderssoni*.
Quant à la disposition des côtes dans *M. patagonica* KING je citerai les points suivants: du sommet de la valve droite partent environ 20 côtes; à environ 4 à 5 mm.
du sommet quelques-unes de ces côtes deviennent dichotomes tandis que simultanément d'autres côtes secondaires viennent s'insérer dans les intervalles, si bien que
déjà, à une distance de 10 mm. du sommet, il y a environ 44 côtes, c'est-à-dire
autant que chez les individus plus petits, non complètement adultes, à la périphérie

---

[1] J. GUNNAR ANDERSSON, Bull. Geol. Inst. of Upsala, Vol. 7, p. 53.
[2] Patagonian Expeditions, Vol. 4, p. 119, pl. 24, fig. 1 a et b.

de la valve;[1] ici en effet on ne constate pas de nouvelles côtes en dehors du rayon indiqué, si l'on excepte une ou deux côtes tertiaires très faiblement développées au voisinage du bord de la valve.

Dans les exemplaires plus grands, une ou deux côtes latérales se détachent, à une distance d'environ 20 mm. du sommet, des côtes primaires; enfin des côtes secondaires et même tertiaires s'insèrent entre les côtes précédemment existantes. Dans certains cas la côte principale apparaît géminée. Ordinairement les côtes principales et les côtes secondaires ont absolument les mêmes dimensions. Dans *Myochlamys Anderssoni* les côtes sont disposées d'après le même plan que dans *M. patagonica* KING, mais par suite du fait que la dichotomisation, comme d'ailleurs l'insertion des côtes secondaires, ne commence ici qu'à une distance un peu plus grande du sommet, on distingue plus facilement dans *M. Anderssoni* la structure par groupes de deux de la côte dichotomisée, et l'infériorité de dimension des côtes secondaires insérées comparées aux côtes principales que dans *M. patagonica* KING. Quant à ce qui concerne la valve gauche on constate le même fait: la disposition suit dans les deux espèces le même schéma, pas de dichotomie, seulement insertion de nouvelles côtes dans les intervalles laissés entre les anciennes; cependant dans *M. patagonica* KING, la formation de côtes secondaires se produit plus près du sommet que dans *Myochlamys Anderssoni*. Aussi ces côtes secondaires dans *M. patagonica* KING ont à une faible distance du sommet les mêmes dimensions que les côtes principales tandis qu'elles sont dans *Myochlamys Anderssoni* toujours plus faibles que les côtes principales.

En vue d'une plus grande clarté je dispose les différences entre *Myochlamys geminata* SOW., *M. Anderssoni* HNG et *M. patagonica* KING dans le tableau suivant:

	M. geminata SOW.	*M. Anderssoni* HNG.	*M. patagonica* KING.
Angle du sommet	Aigu.	Droit.	Obtus.
Rapport de la hauteur à la longueur= .	1,30 : 1 (stades plus jeunes).	1,09 : 1.	1 : 1.
Nombre de côtes secondaires dans chaque intervalle	4—5 (9).	1—3.	1.
Dimensions des côtes secondaires par rapport à celles des côtes principales	Beaucoup plus faibles.	Insensiblement plus faibles.	Égales.
Les côtes secondaires s'insèrent sur la valve gauche à une distance du sommet de .	10—15 mm.	5—10 mm.	3 mm.

---

[1] Grâce à la bienveillance de M. le Docteur A. S. JENSEN j'ai pu, en vue de cet examen, emprunter un exemplaire de cette espèce, recueilli par l'expédition du *Challenger* dans le détroit de Magellan et appartenant au Musée zoologique de l'Université de Copenhague. L'exemplaire mesure 46 mm. de haut. et 46 mm. de larg. De même, M. le Professeur HJ. THÉEL a bien voulu me prêter deux exemplaires appartenant à la Division des invertébrés du Musée royal de Stockholm, recueillis à la Terre de Feu par l'Expédition Suédoise de la Terre de Feu sous la direction de M. le Professeur OTTO NORDENSKJÖLD.

Il résulte de cette comparaison que si *M. patagonica* KING est une forme d'évolution récente de *M. geminata* SOW., *M. Anderssoni* HNG doit être considérée comme une espèce intermédiaire entre les deux précédentes et beaucoup plus voisine de la première nommée. [1]

Myochlamys geminata SOW. est tertiaire et se présente dans la formation Patagonienne. Les opinions sont extrêmement partagées quant à l'âge de cette formation. Pour FL. AMEGHINO et V. IHERING = éocène; pour S. ROTH = oligocène; pour DALL = miocène ou en tous cas pas plus ancien que l'oligocène; pour ORTMANN, HATCHER et CANU = miocène. Elle se présente encore dans la formation Entrerienne, d'après FL. AMEGHINO et V. IHERING = miocène; pour S. ROTH = miocène supérieur; pour WILCKENS = pliocène.

Myochlamys Anderssoni HNG appartiendrait donc à l'époque intermédiaire entre le miocène — pliocène et l'époque actuelle, peut-être plus voisine de l'époque actuelle que de l'époque tertiaire.

Addition.

Outre la *Myochlamys Anderssoni* HNG décrite ici on a rencontré dans le Conglomérat à Pecten un moule intérieur d'une longueur de 150 mm., et d'une hauteur de 70 mm. d'un spécimen semblable à une *Panopaea* (fig. 4), un exemplaire incomplet

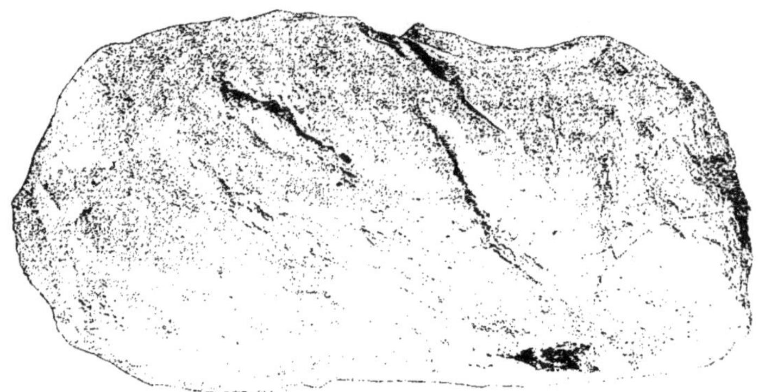

Fig. 4. *Panopaea sp.;* ⁴/₅ de la grandeur naturelle.

---

[1] Qu'il me soit permis de citer à l'appui de mon opinion la communication suivante qui lui donne une confirmation précieuse. Dans une «Note au sujet de PECTEN de la République Argentine (Journ. de Conchyliologie, T. 54, 1906, p. 10) M. A. BAVAY cite une *Myochlamys patagonica* KING subfossile (de Paraná?) d'une taille très considérable, 12 cm. La note très courte et sans figures de M. BAVAY ne pouvait pas me permettre de tirer de conclusions sur la parenté étroite que je supposais entre le spécimen de M. BAVAY et le mien. Sur ma prière M. BAVAY a bien voulu examiner mes photographies de la *Myochlamys*

d'une autre *Panopaea* moindre, et une *Patella sp.* En raison de la pauvreté des matériaux je n'ai pas osé faire une détermination d'espèce de ces fossiles.

Bryozoaires.

Gen. *Cellaria* LAMOUROUX, 1812.

Cellaria rigida MC GILLIVRAY.

Pl. 3, fig. 1, 2, 3, 4.

1884. *Cellaria rigida* MC GILL., Descript. New or Little Known Polyzoa, Transact. Roy. Soc. Victoria, Vol. 21, pl. 92, pl. 1, fig. 1, 2.

1884. *Salicornaria simplex* BUSK, Report Scient. Results of Challenger, Zoology, Vol. 10, Polyzoa, p. 88, p. 33, fig. 8.

1889. *Cellaria rigida* WATERS, Report Scient. Results of Challenger, Zoology, Vol. 31, Polyzoa, p. 16, pl. 2, fig. 5—7.

1895. *Cellaria rigida* MC GILL., Monogr. tert. polyzoa of Victoria, Transact. Roy. Soc. Victoria, Vol. 4, p. 29, pl. 3, fig. 20—24.

1908. *Cellaria rigida typica* CANU, Iconogr. Bry. foss. de l'Argentine, Anales Mus. Nacion. de Buenos Aires, T. 17, p. 267, pl. 4, fig. 11.

Dans le Conglomérat à Pecten de l'ile Cockburn j'ai trouvé quelques petits fragments de colonies, le plus grand d'un longueur de 2 mm. et d'une épaisseur d'1 mm., que je rattache quoique avec quelque hésitation à la *Cellaria rigida* MC GILL.

Les zoécies sont rhombiques, généralement régulières, parfois sensiblement allongées, d'une hauteur de 0,56 mm. et d'une largeur de 0,30 mm., disposées en quinquonce. Bord saillant. Cryptocyste concave, affaissé vers l'opésie et finement granuleux. Opésie placée dans la moitié supérieure du cryptocyste, de sorte que son bord inférieur se trouve un peu au-dessus du milieu du cryptocyste, semi-circulaire ou presque rectangulaire et transverse, entourée d'un péristome distinct; le bord inférieur du péristome s'allongeant en forme de lèvre légèrement relevée sur le bord de l'opésie (pl. 3, fig. 1, 2).

Quand on a enlevé le bord extérieur de cette opésie on voit l'apertura primaire (pl. 3, fig. 3) d'un autre aspect que l'opésie secondaire relativement plus élevée, le bord proximal formant une lamelle en forme de cadre creusée au milieu de manière à former deux denticules oraux très pointus, très droits et très distincts, le bord distal avec une lamelle semblablement creusée dont les parties latérales forment deux denticules supérieurs en face des denticules proximaux mais plus faibles que ces derniers et placés un peu plus profondément. La lèvre proximale de l'opésie que je viens de décrire s'étend en général si loin par-dessus l'ouverture que la lamelle basale des denticules est recouverte et que ceux-ci semblent isolés; son bord distal

---

Anderssoni HNG et m'envoyer la communication suivante: «Vos valves ont de très grands rapports avec *Pecten patagonicus* KING subfossile de Paraná comme aspect, comme taille, et comme sculpture. Je ne crois pas qu'elles sont absolument identiques» . . . .

couvre parfois complètement la lamelle distale de l'ouverture primaire, parfois cette lamelle reste complètement à découvert. L'aspect variable de l'opésie provient donc exclusivement de l'évolution différente du péristome. Le fait également que les denticules apparaissent moins sur les spécimens de l'île Cockburn que sur les formes récentes, provient au moins en certains cas de ce que les denticules sont recouvertes partiellement par le péristome. D'ailleurs les dimensions des denticules sont également sujettes à des variations considérables dans d'autres espèces de la *Cellaria*.

$$\text{Zoécie} \begin{cases} \text{haut. } 0{,}56 \text{ mm.} \\ \text{larg. } 0{,}30 \text{ mm.} \end{cases}$$

$$\text{Opésie} \begin{cases} \text{haut. } 0{,}07 \text{ mm.} \\ \text{larg. } 0{,}10 \text{ mm.} \end{cases}$$

Entre le bord distal de l'opésie et de la zoécie une ouverture ovarienne de forme variable comme dans beaucoup d'autres espèces, semilunaire, circulaire, ou plus étroite.

Quant aux zoécies avicellaires je n'en ai pas découvert dans les fragments extrêmement petits qui m'ont été communiqués. Il est possible que ces zoécies ne se rencontrent véritablement pas dans les zoaires de l'île Cockburn; on sait qu'il n'y en a pas davantages dans les spécimens du détroit de Bass.[1] Les exemplaires de la Nouvelle-Zélande ont de grandes zoécies avicellaires de remplacement à grandes opésies circulaires.

La *coupe verticale* d'une colonie faite parallèlement à son axe (pl. 3, fig. 4) présente une grande ressemblance avec la préparation de WATERS de la *Cellaria rigida* Mc GILL.[2] Sur le bord de l'ouverture proximale comme sur celui de l'ouverture distale apparaît une petite proéminence, celle du bord distal à un niveau légèrement plus bas que celle du proximal. Au-dessus de l'opésie et sans communication directe avec la zoécie apparaît une grande oécie dont le mur proximal intérieur est droit, tandis que le mur distal est arqué et allongé, formant comme un toit sur l'oécie. La place et les dimensions de l'orifice ovarien varient considérablement chez les différents individus d'une colonie.

Habitat et Distribution géologique. L'espèce a été précédemment décrite comme vivante près de East Moncœur Island dans le détroit de Bass à une profondeur de 33 m. (BUSK), à Port Phillip Heads en Victoria (Australie) (MAC GILLIVRAY); comme fossile dans les dépôts tertiaires récents de Bairnsdale, Muddy Creek et Snapper Point, en Victoria (MAC GILLIVRAY) et à Monte Triste et à Chubut en Argentine, dans un dépôt que CANU rattache, avec hésitation d'ailleurs, au Patagonien. Pendant l'époque tertiaire la *Cellaria rigida* Mc GILL. était donc répandue à la fois sur les côtes de l'Amérique du Sud et de l'Australie. A l'époque actuelle

---

[1] BUSK, Challenger Report, Zoology, Vol. 10, p. 89.
[2] Challenger Report, Zoology, Vol. 31, pl. 2, fig 5.

elle ne semble pas se rencontrer sur les côtes de l'Amérique mais semble limitée à celles de l'Australie; encore à l'époque de formation du Conglomérat à Pecten — pleistocène avant l'extension de la landise jusqu'à la région de l'île Cockburn — l'espèce avait une diffusion circumpolaire (île Cockburn, Australie); elle n'apparaît cependant pas, à ce que je sache, dans le Pampéen ni dans le Post-Pampéen de l'Amérique du Sud.

Gen. *Micropora* GRAY, 1848. [1]

Micropora coriacea ESPER, f. brevissima WATERS.

Pl. 3, fig. 5, 6, 7, 13.

Zoarium encroûtant sur *Myochlamys Anderssoni* HNG. Zoécies largement ovales ou hexagonales avec un bord distinctement proéminent qui dans certaines zoécies s'épaissit au bord inférieur de l'apertura en un renflement en forme de massue (pl. 3, fig. 6, 7) tandis que le bord dans d'autres zoécies — et c'est là le cas le plus fréquent — ne présente pas de semblables « *Knobs* » et se continue directement dans le bord de l'apertura (pl. 3, fig. 5). Cryptocyste affaisé, légèrement bombé, finement granulé par des éminences très rapprochées et semblables à des verrues [2] (pl. 3, fig. 13) et traversé par des opésiules ovales extrêmement voisines du bord immédiatement au-dessus du péristome inférieur de l'opésie.

Ordinairement il n'y a qu'une simple opésiule de chaque côté; parfois elle est divisée en deux par une mince traverse. Opésie étroite ou semi-circulaire avec un péristome inférieur droit légèrement relevé. Dans quelques zoécies d'aspect normal on trouve des oécies allongées, fortement bombées, dépourvues du filet caractéristique de *M. coriacea* ESPER, *typ.* (filet médian surélevé) ou bien ne présentant qu'une trace extrêmement faible de ce filet.

Quelques zoécies ont au bord supérieur de l'apertura un aviculaire à mandibule ovale et à extrémité supérieure pointue, d'une longueur de 0,24 à 0,27 mm., dirigé obliquement vers le haut.

		Spécimens littoraux de l'île Cockburn.	Spécimens pris à une profondeur de 500 m. au large de la Terre Alexandre I (WATERS).
Zoécie	long.	0,6 mm.	0,6 mm.
	larg.	0,5—0,4 mm.	0,5 mm.
Opésie	larg.	0,2 mm.	0,16 mm.
	haut.	0,04—0,06 mm.	0,06 mm.

[1] JULLIEN a en 1888 pris la *Microporella coriacea* ESP. comme type du genre. *Peneclausa* (Miss. scient. du Cap Horn, Bryozoaires, p. 78) en oubliant que cette même espèce était le type fondamental du genre *Micropora* GRAY (NORMAN, Polyzoa of Madeira, Journ. Linn. Soc., Zool., Vol. 30, p. 293).

[2] Pour pouvoir étudier la sculpture de la surface avec un fort agrandissement et par transparence je me suis servi de la méthode avec solution de collodion décrite en détail par A. G. NATHORST, Geolog. Fören. i Stockholm Förhandl., Bd 29 (1907), p. 221.

Variations. La variété reproduite pl. 3, fig. 5, avec de larges zoécies, de larges et très basses opésies et sans renflement tubéreux du bord de l'opésie ressemble complètement à la *Micropora brevissima* WATERS[1] et si le zoarium ne s'était composé que de zoécies de cette nature je l'aurais sans hésitation considéré comme formant une espèce différente de *M. coriacea* ESPER.

Cependant à côté de ces zoécies, il s'en trouve d'autres à opésies légèrement plus élevées avec des renflements tubéreux sur le bord, ainsi donc plus semblables à *M. coriacea* ESPER[2] sans cependant paraître complètement identiques aux zoécies de cette espèce.

Le spécimen pleistocène de l'île Cockburn occupe donc une position intermédiaire entre la *M. coriacea* ESP. *typ.* qui apparaît déjà dans l'oligocène, et qui d'ailleurs, en conservant ses caractères originaires vit encore dans les mers actuelles, et la *M. brevissima* WATERS qui n'a fait son apparition que de nos jours, dans les eaux antarctiques et subantarctiques, mais en se rapprochant beaucoup plus de cette dernière. L'espèce de l'île Cockburn constitue à mon avis une démonstration du fait que *M. brevissima* WATERS procède de *M. coriacea* ESP. *typ.* — Circonstance qui, dans une discussion de ce genre sur les variations d'une espèce de bryozoaire doit entrer en ligne de compte: *M. brevissima* WATERS antarctique reproduite par WATERS se rencontre à une profondeur d'environ 500 m., tandis que l'espèce de l'île Cockburn doit être considérée comme une forme de plage ou de faible profondeur.

Habitat. Dans ses descriptions des bryozoaires australiens MAC GILLIVRAY cite une variété de *Micropora coriacea* ESPER de Victoria[3] qui ne présente pas les renflements tubéreux du bord et une *M. coriacea* ESP. *var. angusta* MC GILL.[4] qui ne présente pas non plus ce renflement marginal, mais dont la mandibule aviculaire est dirigée obliquement vers le bas. En outre WATERS[5] dit au sujet de *M. perforata* MC GILL. qu'on doit peut-être la considérer comme une variété de *M. brevissima* WATERS. Il résulte de toutes ces données que l'espèce se trouve avec toute vraisemblance dans les eaux australiennes. WATERS signale l'espèce au Cap Horn[6] (sans indication précise du lieu de la découverte), au large de la Terre Alexandre I, où l'Expédition Antarctique Belge la découvrit dans quatre stations différentes à des profondeurs de 460, 480, 500 et 569 m. avec une température de +0,3 à +0,9° C., enfin en Nouvelle-Zélande («apparently»). L'Expédition Antarctique Suédoise l'a trouvée à la Terre de Feu (Canal du Beagle) à une profondeur de 100 m. et à une température de fond de +5° C., et à la Station 94, à 62° 55′ de Lat. Sud et 55° 57′ de Long. Ouest (104 m.).

---

[1] Expéd. antarct. Belge, Zoologie, Bryozoa, pag. 40, pl. 2, fig. 7.

[2] Cf. par exemple HINCKS, Brit. Marine Polyzoa, Londres 1880, pl. 23, fig. 5—7.

[3] Descript. new or little known Polyzoa, Transact. Roy. Soc. Victoria, Vol. 18, p. 121. Cf. aussi HINCKS, Polyzoa from Bass's Straits, Proc. Liter. a. Philos. Soc. of Liverpool, Vol. 35, p. 257.

[4] Ibid., Vol. 23, p. 67.

[5] Expéd. antarct. Belge, Zoologie, Bryozoa, p. 40.

[6] Bryozoa from near Cape Horn, Journ. Linn. Soc., Zoology, Vol. 29, p. 234.

Gen. *Cribrilina* GRAY, 1848.

Cribrilina patagonica WATERS.

Pl. 3, fig. 9, 10.

1905. *Cribrilina patagonica* WATERS, Bryozoa from near Cap Horn, Journ. Linn. Society, Vol. 29, p. 236, pl. 28, fig. 6, 7.

Zoarium encroûtant. Zoécies ovales, avec une pointe allongée en bas, bien séparées, les unes des autres; parties latérales fortement bombées, lisses; le champ du milieu occupé par une surface plus plane, formé de 7 à 9 costules larges, rayonnantes, bombées, formant des sutures régulières qui dans leurs parties extrêmes apparaissent souvent un peu élargies. Je n'ai pu y découvrir de véritables pores.

$$\text{Zoécie . . . } \begin{cases} \text{long. } 0{,}73 \text{ mm.} \\ \text{larg. } 0{,}38 \text{ mm.} \end{cases}$$

$$\text{Apertura . . } \begin{cases} \text{haut. } 0{,}15 \text{ mm.} \\ \text{larg. } 0{,}19 \text{ mm.} \end{cases}$$

$$\text{Aréa costulée} \begin{cases} \text{long. } 0{,}30 \text{ mm.} \\ \text{larg. } 0{,}20 \text{ mm.} \end{cases}$$

L'aréa costulée n'occupe pas tout à fait la moitié de la longueur de la zoécie et est à peu près de la même largeur que l'apertura.

Apertura semi-circulaire allongée: lèvre proximale droite, bord distal arqué, bord latéral avec un petit repli en forme de dent.

Dans une zoécie (pl. 3, fig. 9), on voit par-dessus l'apertura et s'avançant partiellement au-dessus de l'apertura une oécie allongée fortement bombée avec une carène médiane très visible et un pore rond en forme d'entonnoir entouré d'un bord épais.

Au-dessus de l'apertura et près de son bord distal souvent un petit avicellaire triangulaire dirigé vers le côté.

De tout ce qui précède il résulte que l'exemplaire de l'île Cockburn ressemble presque intégralement au spécimen de WATERS trouvé dans une station[1] voisine du Cap Horn d'où il fut rapporté par la Mission scientifique Française du Cap Horn à bord de la «Romanche», à la fois en ce qui concerne l'aspect général et la forme et la structure de l'apertura, de l'oécie et de l'aviculaire. Notons cependant une différence: l'aréa costulée est relativement plus grande dans le spécimen de l'île Cockburn que dans le spécimen du Cap Horn:

	Ile Cockburn.	Cap Horn.
Aréa costulée: frontale suborale =	2 : 3 ou 1 : 2	1 : 3.

---

[1] L'emplacement de la station n'est pas autrement indiqué.

De même le nombre des costules est plus élevé dans l'exemplaire de l'île Cockburn (7—9) que dans l'exemplaire du Cap Horn (5—7). Mais étant donné les variations purement individuelles que l'on peut constater au point de vue des dimensions de l'aréa costulée et du nombre des costules dans d'autres espèces *Cribrilina* (cf. par ex. *Cribrilina figularis* JOHNST.) je ne peux pas considérer cette différence entre l'exemplaire de l'île Cockburn et celui du Cap Horn comme suffisante pour justifier une différenciation d'espèces entre ces deux exemplaires.

CALVET décrit sous le nom de *Membraniporella magellanica* CALVET une espèce du détroit de Smyth (Puerto Bueno), à environ 14 m. $^1/_2$ de profondeur, espèce avec laquelle le spécimen de l'île Cockburn présente de nombreuses ressemblances, mais aussi des différences si considérables, à en juger du moins d'après la description de CALVET et les reproductions, qu'on peut difficilement les ranger dans la même espèce même si l'on doit les considérer comme très étroitement apparentées.

Habitat. Actuellement la *Cr. patagonica* WATERS n'est connue que dans le Conglomérat à Pecten de l'île Cockburn et dans une station voisine du Cap Horn (emplacement non indiqué).

Gen. *Microporella* HINCKS, 1877.

Microporella parvipora WATERS.

Pl. 3, fig. 8, 14.

1904. *Microporella parvipora* WATERS, Expéd. Antarct. Belge, Zoologie, Bryozoa, p. 43, pl. 3, fig. 2 a, b.

Zoarium encroûtant sur *Myochlamys Anderssoni* HNG.

Zoécies ovales, subhexagonales, bien séparées les unes des autres, parties latérales de la paroi frontale fortement bombées, partie médiane plus plane, apertura semi-circulaire avec lèvre proximale droite. Frontale avec une fenestrule en forme de croissant sur la ligne médiane, un peu au-dessus de son centre, sur une petite éminence faiblement marquée; le côté de la fenestrule tourné vers l'apertura droit ou rentrant. Entre la fenestrule et l'apertura formant une couronne près des parties latérales de la zoécie, surtout dans ses parties distales, apparaissent des pores ronds non étoilés (pl. 3, fig. 8, 14). Frontale munie d'ailleurs de petits tubercules extrêmement drus, ronds et grenus qui lui donnent une apparence de peau de chagrin. Ni oécies ni avicellaires.

		Spécimens de l'île Cockburn.	Spécimens de l'Expéd. Antarct. Belge.
Zoécie	long.	0,73 mm.	0,8 mm.
	larg.	0,43 mm.	0,5 mm.
Apertura	haut.	0,10 mm.	0,11 mm.
	larg.	0,15 mm.	0,16 mm.

Il résulte des chiffres qui précèdent que dans les colonies subfossiles de l'île Cockburn, les zoécies et leurs aperturas ont à peu près les mêmes dimensions que les zoécies (respectivement aperturas) des colonies vivant dans la mer au large de la Terre Alexandre I à une profondeur d'environ 500 m. recueillies par l'Expédition Antarctique Belge et qu'ainsi donc les colonies subfossiles sont à peu près aussi éloignées de la *Microporella Malusi* AUD. (voir plus bas) que les colonies antarctiques vivantes.

Tandis que les pores de la paroi frontale de la *Microporella Malusi* AUD. sont étoilés, ceux des spécimens de WATERS de la *Microporella parvipora* ne le sont pas, mais ont au contraire un bord lisse. Dans les empreintes sur collodion que j'ai prises des zoécies des exemplaires de cette espèce de l'île Cockburn, et que j'ai examinées avec un très fort grossissement, les murs des pores apparaissent tout à fait lisses.

Habitat. WATERS décrit cette espèce d'après des exemplaires trouvés à deux stations différentes au large de la Terre Alexandre I, l'une à 70° 23′ de Latitude Sud et 82° 47′ de Longitude Ouest, à une profondeur de 480 m. et à une température de fond de +0°,8 C., l'autre à 70° de Latitude Sud et 80° 48′ de Longitude Ouest, à une profondeur de 500 m. (?) et à une température de fond de +0°,9 C. En outre WATERS cite l'espèce dans les îles Falkland, à la Terre de Feu (avec quelque hésitation) et en Nouvelle-Zélande. CALVET la cite de l'île Wyncke (Wiencke). Elle vit aussi, draguée par l'Expédition Antarctique Suédoise, à 62° 55′ de Lat. Sud et 55° 57′ de Long. Ouest (104 m), à l'entrée est du Canal du Beagle (100 m., temp. de fond +5° C.), au banc Shag Rock à 55° 34′ de Lat. Sud, 43° 23′ de Long. Ouest (160 m.) à une température de fond de +2,05° C., à l'entrée de la «Baie du Pot» (Géorgie du Sud) à une profondeur de 12—15 m. et à une température d'environ + 1,5° C.

Microporella Malusi AUD.

Pl. 4, fig. 1, 2, 3.

1828. *Cellepora Malusi* AUD., Explic. des planches de Savigny, p. 239, pl. 8, fig. 8.
   Pour les synonymes dans les travaux antérieurs à l'année 1889 se reporter à E. C. JELLY, A Synon. Catal. recent marine Bryozoa, p. 186—187.
1891. *Cellepora Malusi* JULLIEN, Mission scientif. du Cap Horn, T. 6, Zoologie, Part. 3, p. 38, pl. 15, fig. 1—3.
1894. *Microporella Malusi* LEVINSEN, Zoologia Danica, Bd. 4, Afd. 1, p. 63, pl. 5, fig. 29—32.
1895. *Microporella Malusi* MC GILLIVRAY, Monogr. Tert. Polyzoa of Victoria, Transact. Roy. Soc. Victoria, Vol. 4, p. 165, pl. 9, fig. 1.
1895. *Microporella Malusi* NEVIANI, Briozoi foss. della Farnesina e Monte Mario presso Roma, Palaeontogr. Italica, Vol. I, p. 104.
1900. *Microporella Malusi* NEVIANI, Briozoi neogen. della Calabria, Palaeontogr. Italica, Vol. 6, p. 175.
1904. *Microporella Malusi* CANU, Bry. du Patagonien, Mém. Soc. Géol. de France, Paléont., T. 12, Fasc. 3, p. 3, fig. 27.
1904. *Microporella Malusi* WATERS, Expéd. antarct. Belge, Zoologie, Bryozoa, p. 42, pl. 3, fig. 4.
1904. *Microporella Malusi* CALVET, Bryozoen Hamburg. Magalhaens. Sammelreise, p. 22.
1906. *Microporella Malusi* WATERS, Bry. from Chatham Isl. and d'Urville Island New Zealand, Ann. Mag. Nat. History, Ser. 7, Vol. 17, pag. 17.
1908. *Microporella Malusi* CANU, Iconogr. Bryozoaires foss. de l'Argentine, Anales del Museo Nacion. de Buenos Aires, T. 17 (Ser. 3, T. 10), p. 280.

Zoarium encroûtant. Zoécies ovales, avec paroi frontale fortement bombée. Aperturp distale semi-circulaire occupant toute la largeur de la zoécie, et par conséquent plus grande que dans *Microporella parvipora* WATERS, espèce voisine (voir plus haut et pl. 3, fig. 14); bord proximal droit ou parfois un peu rentrant, bord distal et parties latérales formant un arc uni; péristome armé parfois de 3 ou 4 épines marginales, les zoécies à oécies, de 2 épines (pl. 4, fig. 1). Paroi frontale perforée par des pores étoilés, généralement carrés à 4 costules (pl. 4, fig. 2, 3) dissiminés sur la surface mais essentiellement groupés dans les parties périphériques de la zoécie. Fenestrule en forme de croissant, un peu au-dessus du centre de la zoécie, sur une petite protubérance. Oécie en forme de boule, fortement bombée et lisse, avec bord crénelé.

Comme l'ont fait remarquer BUSK, HINCKS, JULLIEN et WATERS, les colonies de l'Amérique du Sud de cette espèce ont des zoécies considérablement plus grandes que les colonies européennes. Les spécimens de l'île Cockburn ont des dimensions encore plus grandes que tous les exemplaires décrits et reproduits jusqu'ici comme on peut le constater par le tableau suivant:

		Ile Cockburn.	Expéd. Antarct. Belge (WATERS).	Danemark (LEVINSEN).	Cap Horn (JULLIEN).	Tertiaire Patagonien (CANU).
Zoécie	longueur	0,95 mm.	0,7 mm.	0,67 mm.	0,66 mm.	0,5 mm.
	largeur	0,50 mm.	0,4 mm.	0,43 mm.	0,49 mm.	0,36 mm.
Apertura	hauteur	0,19 mm.	0,10 mm.	0,09 mm.	0,13 mm.	0,08 mm.
	largeur	0,27 mm.	0,18 mm.	0,14 mm.	0,16 mm.	0,14 mm.

Distribution géologique. L'espèce apparaît dans le miocène et y montre déjà une extension considérable (Europe, Patagonie, Nouvelle-Zélande, Australie).

Habitat. Dans les mers actuelles, elle est à peu près cosmopolite. On ne la rencontre cependant pas dans l'Océan antarctique proprement dit. Elle préfère les petites profondeurs, dans le voisinage de la côte mais elle peut descendre jusqu'à une profondeur de 300 m.

A la Terre de Feu, *M. Malusi* AUD. apparaît comme une forme purement littorale sur des varechs, des pierres et des coquillages. CALVET la cite dans le canal de Smyth, à Pounta Arenas (sur des varechs), à Uschuaya (limite extrême de la mer basse), à Banner-Core, dans l'île Picton (sur des varechs, à environ 7 m. de profondeur), à Puerto Toro, dans l'île Navarin (mer basse), sur la côte méridionale de la Terre de Feu à l'ouest de Puerto-Pantalon (13 m.).

Les colonies qu'on rencontre dans le Conglomérat à Pecten de l'île Cockburn forment un encroûtement sur les *Myochlamys Anderssoni* HNG.

Microporella ciliata LINNÉ.

Pl. 3, fig. 11, 12.

1759. *Cellepora ciliata* LINNÉ, Syst. Nat., edit. XII, p. 1286.
   On trouve dans HINCKS, A History of Brit. Marine Polyzoa, p. 206, et dans E. C. JELLY, A synonymic Catalogue of Marine Bryozoa, pp. 179—181, des listes complètes des synonymes, jusqu'à l'année 1880 (resp. 1889).

1894. *Microporella ciliata* LEVINSEN, Zoologia Danica, Bd 4, Afd. 1, p. 64, pl. 5, fig. 33—35.

1895. *Microporella ciliata* MC GILLIVRAY, A monogr. tert. Polyzoa of Victoria, Transact. Roy. Soc. Victoria, Vol. 4, p. 64, pl. 9, fig. 3.

1895. *Microporella ciliata* NEVIANI, Briozoi foss. della Farnesina e Monte Mario presso Roma, Palaeont. Italica, Vol. 1, p. 105, pl. 1, fig. 24—25. — *Non Micr. ciliata* L., var. *castrocarengis* NEV., ibid., p. 105, pl. 1, fig. 26, qui ne se rencontre pas vivante, seulement pliocène.

1900. *Microporella ciliata* NEVIANI, Briozoi neogenici della Calabria, p. 176, Palaeontologia Italica, Vol. 6 (*non M. ciliata* L. var. *Morrisiana* BUSK, ibid., p. 177, pl. 2, fig. 6, non encore découverte vivante, seulement pliocène et postpliocène).

1904. *Microporella ciliata* CALVET, Hamburger Magalhaensische Sammelreise, Bryozoen, p. 22.

Zoarium encroûtant. Zoécies ovales, fortement bombées (la structure originelle de la paroi frontale est dissimulée par des cristaux plus récents de carbonate de chaux). Apertura semi-circulaire ou dans quelques cas isolés rectangulaire avec coins arrondis, entourée d'un péristome distinct dans la partie supérieure duquel apparaissent des traces d'épines orales disparues (ordinairement 5).

Immédiatement au-dessus de l'apertura une petite fenestrule en forme de croissant sans dent et sans lamelle perforée; d'ordinaire la fenestrule est munie de dents ou d'un filet fin;[1] il n'est pas impossible que l'aspect actuel ne soit pas l'aspect originaire.

Cette fenestrule repose sur la base du bord distal d'un petit bouchon conique relevé et quelque peu dirigé vers l'avant; parfois elle est cachée par ce bouchon (pl. 3, fig. 12).

Sur des côtés de la zoécie, un peu au-dessus du milieu apparaît un petit aviculaire dont la mandibule courte et pointue était dirigée en dehors et vers le haut; dans la même colonie on trouve cependant aussi un autre type d'aviculaire: la partie basale conservée est semi-circulaire et l'aviculaire ressemblait certainement à l'aviculaire cité et reproduit par HINCKS[2] et plus semblable à un *vibraculum*.

Les dimensions des zoécies dans les différents types de la *Microporella ciliata* L. sont extrêmement variables comme on peut le voir dans le tableau suivant.

---

[1] HINCKS, Brit. Marine Polyzoa, p. 210, fig. 9.
[2] HINCKS, ibid., pl. 28, fig. 1.

		M. ciliata L. Île Cockburn.	*M. ciliata* L. Danemark (fig. de LEVINSEN).	*M. ciliata* L. (d'après les fig. de HINCKS').	*M. fallax* CANU du Patagonien.
Zoécie	longueur	0,80—1,08 mm.	0,76 mm.	0,56—0,35 mm.	0,47—0,63 mm.
	largeur	0,54—0,65 mm.	0,43 mm.	0,28—0,23 mm.	0,25—0,38 mm.
Apertura	hauteur	0,11 mm.	0,06 mm.	0,09—0,05 mm.	0,06 mm.
	largeur	0,20 mm.	0,09 mm.	0,14—0,07 mm.	0,10 mm.

Les oécies (pl. 3, fig. 11) sont en forme de boule, non allongées et tout autour de la base munies d'une série de petites fossettes, par conséquent de l'aspect caractéristique pour l'espèce principale typique.

CANU[2] ne signale pas *M. ciliata* L. dans les dépôts tertiaires de la partie la plus méridionale de l'Amérique du Sud, mais il signale une espèce très voisine de celle-là: *Microporella fallax* CANU qui se distingue de *Microporella ciliata* L. «par son ovicelle saillant, globuleux, allongé». Dans *M. ciliata* L. de l'île Cockburn les oécies ont la même longueur et la même largeur = 0,17 mm., tandis que les oécies de *M. fallax* CANU ont une longueur de 0,25 mm. et une largeur de 0,21 mm.

Les spécimens de l'île Cockburn ont le plus de ressemblance avec le type australien de *M. ciliata* L., par contre je n'y ai pas vu *M. ciliata* L. *var. personata* BUSK, qui, d'après CALVET, est la seule qu'on rencontre dans le canal de Smyth (Puerto-Bueno) et dans le détroit de Magellan (Pounta Arenas). En outre, en ce qui concerne les mesures micrométriques, ils dépassent considérablement les colonies connues d'autres localités et, à cet égard, concordent avec *Microporella Malusi* AUD. décrite plus haut.

Distribution géologique et Habitat. *M. ciliata* L. apparaît déjà dans le miocéne et se prolonge par le pliocène jusqu'à notre epoque où elle constitue une forme littorale presque cosmopolite qui cependant n'a pas été rencontrée par l'Expédition Antarctique Belge dans ses dragages par deçà 70° de Latitude Sud et qui ne semble pas non plus, d'une façon générale, se rencontrer dans l'Océan polaire antarctique récent. L'espèce est une forme littorale caractérisée mais peut descendre jusqu'à une profondeur d'environ 500 m.

---

[1] HINCKS, Brit. Marine Polyzoa, pl. 28, fig. 6.

[2] Bryoz. du Patagonien, Mém. Soc. Géol. de France, Paléontologie, T. 12, Fasc. 3, p. 11. — Iconogr. Bryoz. foss de l'Argentine, Anales Museo Nacion. de Buenos Aires, T. 17, p. 280, pl. 6, fig. 4.

Gen. *Inversiula* JULLIEN, 1888.

Inversiula nutrix JULLIEN.

Pl. 4, fig. 4, 5.

1888. *Inversiula nutrix* JULLIEN, Miss. Scientif. du Cap Horn, T. 6, Zoologie, Part 3, Bryozoaires, p. 44, pl. 4, fig. 8.

1902. *Inversiula nutrix* KIRKPATR., Rep. voyage of «Southern Cross», p. 287.

1908. *Inversiula nutrix* CANU, Iconogr. Bryoz. foss. de l'Argentine, Anales del Museo Nacional de Buenos Aires, T. 17, p. 283, pl. 6, fig. 8.

Zoarium encroûtant. Zoécies en forme de vase s'amincissant vers le haut, couchées ou debout obliquement contre la base. Paroi frontale immédiatement au-dessous de l'apertura pourvue d'une fenestrule ronde et parfois semi-lunaire et placée dans un petit renfoncement.

Quand la fenestrule est semi-lunaire son bord étroit n'est pas tourné vers l'apertura comme c'est l'ordinaire, mais dans le sens contraire. D'ailleurs la paroi frontale est pourvue de pores disséminés, renfoncés en forme d'entonnoir; l'empreinte en collodion montre avec un fort grossissement que le bord est crénelé (pl. 4, fig. 4) sans cependant être à proprement parler étoilé. Le crénelage du bord me semble devoir être plutôt considéré comme un phénomène secondaire consécutif à la calcination. La partie de l'aréa reproduite pl. 4, fig. 4 a ses renfoncements en forme d'entonnoir séparés les uns des autres par d'assez grands intervalles munis de petites tubérosités rondes; dans d'autres cas ces renfoncements en forme d'entonnoir ont leurs bords supérieurs presque tangents les uns aux autres.

Apertura orale transverse, ovale avec les longs côtés un peu aplatis, parfois plutôt semi-circulaire avec bord distal droit ou faiblement arqué en dehors. Apertura entourée d'un fort péristome. Dans la partie proximale de ce péristome au coin antérieur de l'apertura, apparaissent deux protubérances dressées avec pores arrondis ou ovales. WATERS, KIRKPATRICK estiment tous les deux que ces parties de l'*Inversiula* doivent être considérées comme des avicellaires. Sur une empreinte de collodion d'une *Inversiula inversa* WATERS récente d'Australie[1] on voit distinctement qu'on a vraiment affaire là à des avicellaires avec mandibules ovales épointées dirigées obliquement vers en haut et intérieurement vers l'apertura.

		Inversiula nutrix JULL. Ile Cockburn.	*Inv. nutrix* JULL. Canal du Beagle.	*Invers. inversa* WATERS. Australie.
Zoécie	long.	0,7 mm.	0,56 mm.	0,50 mm.
	larg.	0,54 mm.	0,41 mm.	0,33 mm.
Apertura	haut.	0,09 mm.	0,05 mm.	0,05 mm.
	larg.	0,15 mm.	0,09 mm.	0,09 mm

[1] Le spécimen m'a été aimablement envoyé par M. A. W. WATERS.

Il résulte des chiffres cités que les zoécies des exemplaires du Conglomérat à Pecten subfossile de l'île Cockburn sont plus fortes que celles des exemplaires récents de la Terre de Feu.

Une espèce qui, sans aucun doute, est très voisine d'*Inversiula nutrix* JULL., c'est *Inversiula inversa* WATERS[1] du récif de Sow and Pigs (5,5—7 m.), Port Jackson (18 m.) et Green Point en Australie. — La Pl. 4, fig. 7 reproduit *I. inversa* WATERS d'Australie sous le même grossissement que *I. nutrix* JULL. de l'île Cockburn (même pl. 4, fig. 5). Si l'on compare ces deux figures, il apparaît clairement qu'elles se rapportent à des spécimens qui se ressemblent tellement qu'on est tenté de les confondre. La seule différence qu'on puisse constater, abstraction faite des dimensions des zoécies, est dans la forme de l'apertura: dans *I. nutrix* JULL., ovale, transversale, dans *I. inversa* WATERS, semi-circulaire. A cause de cette différence, qui est d'ailleurs loin d'être toujours aussi visible que dans les figures que je viens de citer, WATERS la considère cependant comme «specifically very distinct»[2] de *I. nutrix* JULL. En me fondant sur les matériaux que j'ai eus à ma disposition, je ne peux pas décider d'une manière certaine si les spécimens signalés sont des espèces différentes ou seulement les variations d'une même espèce. Je suis cependant tenté de croire que cette dernière hypothèse est la plus juste. En tous cas il est certain que l'exemplaire de l'île Cockburn pourrait presque avec autant de raison être appelé *I. inversa* WATERS que *I. nutrix* JULL.

Distribution géologique et Habitat. JULLIEN cite *I. nutrix* JULL. dans le canal du Beagle au sud de l'île Gable (19 m.), NORMAN également à la Madère, CALVET dans la baie de Flandres, la baie de Schollaert et les eaux de l'île Booth-Wandel (0—30 m.). L'Expéd. Antarct. Suédoise l'a trouvée à Port Jason (Géorgie du Sud) à une profondeur de 10—15 m. et à une température d'environ + 1,5° C. KIRKPATRICK la cite au Cap Adare (18 m.) et dans le détroit de Torres (27—37 m.). CANU a trouvé l'espèce fossile dans l'étage Patagonien (d'après CANU = miocène) de Punta Borja, Comodoro Rivadavia.

Gen. *Cyclicopora* HINCKS, 1884.

Cyclicopora longipora MC GILLIVRAY.

Pl. 4, fig. 8, 10, 11.

1883. *Lepralia longipora* MC GILL., Descript. New or Little Known Polyzoa, II, Transact. Roy. Soc. Victoria, Vol. 19, p. 135, pl. 3, fig. 18.
1884. *Cyclicopora prælonga* HINCKS, Contrib. General History Mar. Polyzoa, Ann. Mag. Nat. Hist., Ser. 5, Vol. 14, p. 279, pl. 9, fig. 7.
1887. *Cyclicopora longipora* WATERS, Tert. Chilost. Bryozoa from New Zealand, Quart. Journ. Geol. Soc., Vol. 43, p. 61.

---

[1] On austral. bryozoa, Ann. Mag. Nat. History, Ser. 5, Vol. 20, p. 190, pl. 4, fig. 23, pl. 5, fig. 5. — *Ibid.*, Ser. 6, Vol. 4, p. 6, pl. 1, fig. 11, 12.

[2] Ann. Mag. Nat. History, Ser. 6, Vol. 4, p. 7.

Zoarium encroûtant. Zoécies subhexagonales allongées ou rectangulaires séparées les unes des autres. Paroi frontale bombée ou plane et à bord traversé par de grands pores ovales ou irréguliers dont les longs axes rayonnent vers la ligne médiane de la zoécie. A l'intérieur de ces pores marginaux on en voit d'autres plus petits, ronds, disséminés sur la surface de l'aréa sans qu'on puisse généralement constater un ordre entre eux. Les zoécies les plus vieilles ont l'aréa plane limitée par un bord relevé; les plus jeunes ont l'aréa plus bombée et sont séparées les unes des autres par des sillons distincts.

Apertura ordinairement ronde, parfois un peu allongée, pyriforme, sans convexité, sans dentelle ni cardelle et d'une manière générale sans aucune sorte d'armure. Par-dessus l'apertura une oécie ronde, assez plane, plus étroite que la zoécie; dans le bord de l'oécie apparaissent souvent un certain nombre de pores marginaux, dans les parties centrales de sa paroi frontale de petits pores clairsemés.

Pas d'aviculaire.

Une coupe tangentielle, parallèle à la surface du zoarium et placée de telle manière que la partie inférieure de la paroi frontale de la zoécie se trouve exactement au-dessous du plan de la coupe (pl. 4, fig. 10) montre que l'apertura primaire était munie de deux bourrelets ressortant des côtes et épaissis qui, placés certainement au-dessous de l'operculum, constituaient un soutien pour celui-ci. La paroi transversale apparaît transpercée de pores parmi lesquels les pores placés sur les côtés (pores marginaux) sont plus grands que les autres. Sur chaque côté il y a environ 6 pores marginaux. Dans la même figure on découvre encore dans la paroi frontale primaire un certain nombre de fines sutures qui vont du bord vers la ligne médiane. Celle-ci est également marquée par une fine suture semblable. Ces sutures indiquent les lignes de fusion entre des costules larges, un peu épaissies au milieu, qui, venant du bord de la zoécie, se dirigent vers la partie médiane. La fusion des costules voisines ne s'est pas produite en une suture fermée mais avec des interstices ou des pores, à raison de un, deux ou trois le long de chaque suture.

Une coupe verticale longitudinale montre comment ces pores se continuent jusqu'à la surface extérieure de la paroi frontale, sous forme de longs canaux de 0,4 mm., avec un conduit quelque peu irrégulier qui fait que les pores superficiels de la paroi frontale sont disposés en lignes qui ne correspondent pas aux sutures, mais sont disséminées irrégulièrement (pl. 4, fig. 8).

Zoécie { hauteur 1,25 mm.
{ largeur 0,80—0,50 mm.

Diamètre de l'apertura 0,35—0,29 mm.

Les exemplaires de l'île Cockburn ressemblent extrêmement aux exemplaires décrits et reproduits par MAC GILLIVRAY, mais ont, comme les exemplaires décrits par WATERS, un plus grand nombre de pores dans la paroi frontale que la figure de Mac Gillivray n'en montre.[1] A cela s'ajoute que les exemplaires de l'île Cockburn sont pourvus d'un revêtement très fortement calciné; sur la surface de ce revêtement les pores sont beaucoup plus grands et beaucoup plus irréguliers que dans la paroi primaire.

Distribution géologique et Habitat. Fossile à Waipukurau et dans la station de Trig (Nouvelle-Zélande). — Vivante à Port Phillip Heads (Victoria).

Gen. *Exochella* Jullien, 1888.

Bien que ce genre soit fondé sur des caractères purement secondaires, en ce sens que la *lyrula* de même que les *cardellae* appartiennent au péristome secondaire, j'ai pour des raisons purement pratiques et dans l'attente d'une refonte complète du système entier des Bryozoaires, conservé ce genre ici.

Exochella longirostris Jullien.

Pl. 5, fig. 1, 7.

1888. *Exochella longirostris* Jullien, Miss. scientif. du Cap Horn, T. 6, Zoologie, Part. 3, p. 55, pl. 3, fig. 1—4, pl. 9, fig. 2.
1889. *Smittia longirostris* Waters, On Austral. Bryozoa, Ann. Mag. Nat. History, Ser. 6, Vol. 4, p. 15, pl. 3, fig. 36, 37.
1904. *Exochella longirostris* Calvet, Bryoz., Hamburg. Magelhaens. Sammelreise, p. 29.
1906. *Smittia longirostris* Waters, Bryoz. from Chatham Island and d'Urville Island, New Zealand, Ann. Mag. Nat Hist., Ser. 7, Vol. 17, p. 20, pl. 1, fig. 23.
1908. *Exochella longirostris* Canu, Iconogr. Bryoz. foss. de l'Argentine, Anales Museo Nacion. de Buenos Aires, T. 17, p. 300, pl. 6, fig. 13.

Zoarium encroûtant. Zoécies de formes extrêmement variables; forme essentielle subhexagonale; ordinairement étroites, les zoécies ont parfois une largeur égale à la hauteur.

Zoécies à l'apertura primaire (pl. 5, fig. 7). Bords latéraux relevés en forme de cadre, paroi frontale avec un fort cintrement vers la ligne médiane et l'apertura, tout contre les bords latéraux transpercée d'une série de pores ronds qui s'allongent parfois en sillons faiblement marqués et disposés en forme de rayons; frontale d'ailleurs tout à fait unie. Apertura terminale; son bord antérieur avec un petit sinus étroit, son bord postérieur arqué, une ouverture normale de *Schizoporella*, par conséquent; le bord supérieur armé d'épines, 7 ordinairement. A l'angle obtus du bord latéral apparaît un aviculaire dirigé latéralement et en général un peu vers le bas. Le mandibulaire pointé; quelques zoécies ont deux aviculaires de la forme décrite plus haut, un de chaque côté.

Le type de zoécie décrit ici est très rare, il se trouve essentiellement dans la zone marginale, périphérique, plus récente, du zoarium.

---

[1] Transact. Roy. Soc. Victoria, Vol. 19, pl. 3, fig. 18.

Zoécies à l'apertura secondaire (pl. 5, fig. 1).

Les modifications secondaires des zoécies sont produites essentiellement par ce fait que la frontale est recouverte par un autre dépôt, un revêtement calcaire, comme on peut le voir par la pl. 5, fig. 1 comparée avec la pl. 5, fig. 7.

La paroi frontale secondaire est mamelonnée, pourvue souvent de sillons peu marqués qui rayonnent vers les parties centrales de l'aréa et en venant petit à petit s'y perdre. De cette manière les bords latéraux relevés de la zoécie primaire deviennent moins saillants ou sont complètement cachés. Autour de l'apertura primaire se dresse ce revêtement secondaire de manière à former un fort péristome qui change de fond en comble l'aspect et la forme de cette apertura. Sur le sinus primaire proximal se dresse un large et fort éperon qui cache le sinus et s'étend un peu jusque dans l'apertura. La forme de cet éperon varie considérablement, et cela, du moins en partie, par suite des modifications survenues au cours de la fossilisation. De chacune des parties latérales du péristome s'avance une petite dent latérale, «cardelle» (JULLIEN), jusque dans l'apertura, de sorte que celle-ci devient trifoliée (pl. 5, fig. 1). Il n'y a parfois qu'une fente très étroite entre la dent latérale et la dent médiane.

Ce n'est qu'exceptionellement que toutes les traces du péristome primaire et des parties basales pour les épines orales sont effacées par le péristome secondaire; tout au contraire on voit d'ordinaire sur le péristome secondaire 1 ou 2, parfois même toutes les 7 parties basales sous forme de petites aspérités (pl. 5, fig. 1).

L'oécie est constituée par une cella en forme de boule au-dessus de l'apertura; dans sa périphérie apparaissent parfois des traces de crénelage.

	Île Cockburn.	Canal du Beagle (d'après la figure de JULLIEN).
Zoécie { hauteur	0,82 mm.	0,60 mm.
Zoécie { largeur	0,45—0,60 mm.	0,35 mm.

Les colonies de l'île Cockburn sont donc munies de zoécies plus grandes que celles qui vivent dans la Terre de Feu. Elles diffèrent également en ce que les exemplaires de l'île Cockburn ont 7 épines orales tandis que ceux de la Terre de Feu n'en ont que 4.

Mais, comme on le sait, le nombre des épines orales est dans un très grand nombre d'espèces de Bryozoaires soumis à des différences individuelles très considérables; aussi je ne considère pas ces différences comme assez grandes ou assez importantes pour permettre de considérer les exemplaires de l'île Cockburn comme une nouvelle espèce.

Habitat. L'espèce vit dans l'île Hoste (Baie Orange) sur *Balanus*, *Modiolarca*, *Pecten* et algues rouges (JULLIEN), dans le Canal du Beagle, au sud de l'île Gable,

par 19 m. (JULLIEN), à Pounta Arenas (détroit de Magellan) sur *Balanus* (CALVET)
et à Maunganui (îles Chatham) d'après WATERS. Si cette espèce est, comme j'ai
des raisons de le supposer, identique à *Smittia tricuspis var. munita* MC GILL.,
elle vit aussi sur les côtes de l'Australie (à Port Phillips Head).

Distribution géologique. On l'a également trouvée comme subfossile dans le
Post-Pampéen de Puerto Militar près de Bahia Blanca (CANU).

Gen. *Mucronella* HINCKS, 1880.

Mucronella praestans HINCKS.

Pl. 4, fig. 6, 9.

1882. *Mucronella praestans* HINCKS, Contrib. toward a General History of mar. Polyzoa, X, Ann. Mag.
Nat. Hist., Ser., 5, Vol. 10, p. 168, pl. 7, fig. 1.
1881. *Mucronella duplicata* WATERS, Foss. Chilost. Bryoz. from South West Victoria, Australia, Quart. Journ.
Geol. Soc., Vol. 37, p. 328, pl. 16, fig. 54. — La dénomination de WATERS est donc antérieure à
celle de HINCKS.
1887. *Mucronella praestans* WATERS, Tert. Chilost. Bryozoa from New Zealand, Quart. Journ. Geol. Soc.,
Vol. 43, p. 56. — WATERS donne lui-même *M. duplicata* WATERS comme synonyme de *M. praestans*
HINCKS, bien que le nom *duplicata* WATERS soit plus ancien que le nom employé par HINCKS.
Dans de telles conditions il semble préférable de ne pas respecter rigoureusement les lois ordinaires
de priorité.
1889. *Smittia praestans* WATERS, Bryozoa from New South Wales, IV, Annals a. Magaz. Natur. History,
Ser. 6, Vol. 4, p. 17, pl. 3, fig. 9—11.
1895. *Mucronella praestans* MAC GILLIVRAY, Monogr. tert. Polyzoa of Victoria, Transact. Roy. Soc. Vict.,
Vol. 4, p. 98, pl. 13, fig. 6.
1906. *Smittia praestans* WATERS, Bryozoa from Chatham Island and d'Urville Island, Ann. Mag. Nat. History, Ser. 7, Vol. 17, p. 20.

Zoarium encroûtant. Zoécies ovales, en forme de vases, bien séparées les unes
des autres et placées sur la base sous un angle oblique. Paroi frontale lisse et
munie de sillons droits, peu profonds qui rayonnent de la périphérie vers les parties
centrales.

Apertura distale, subcirculaire. Lèvre proximale s'allongeant vers le haut en
une partie saillante en forme de col dont la partie supérieure est souvent convexe,
et l'on peut par conséquent dire que l'éperon est formé par tout le péristome proximal
dans toute sa largeur. Parfois cependant un éperon dentiforme sort du milieu du
péristome, par-dessus l'apertura; cet éperon est lui aussi parfois en forme de crochet.
Péristome distal arqué, portant les parties basales perforées des 4 épines orales.

Oécies en forme de boule, souvent fortement repoussées en arrière et munies
au bord du même genre de sillons que les zoécies. Les zoécies à oécies n'ont que
deux épines orales.

Sur un des côtés seulement, ou sur les deux côtés de l'apertura ou un peu plus
bas que l'apertura se trouve un aviculaire ovale, souvent arqué, dirigé vers le haut
et le côté.

$$\text{Zoécie} \begin{cases} \text{long. } 0,70 \text{ mm.} \\ \text{larg. } 0,60 \text{ mm.} \end{cases}$$

Habitat. L'espèce est déjà connue comme récente à Napier et à Vanganui (Nouvelle-Zélande), dans les îles Chatham et à la Station 94 de l'Expéd. Antarct. Suédoise à 62° 55′ de Lat. Sud et 55° 57′ de Long. Ouest (104 m.). CALVET cite *M. praestans var. tridens* CALV. des îles Booth-Wandel et Wyncke et de la baie Schollaert (30 *m.*).

Distribution géologique. Fossile, on la trouve à Mount Gambier (Australie méridionale), Curdies Creek (Victoria), Gippsland, Waipukurau et Petane Marls (Nouvelle-Zélande) toujours dans des dépôts tertiaires.

Gen. Adeonella BUSK, 1884.

Adeonella Watersi n. sp.

Pl. 5. fig. 2, 3, 4, 5, 6.

Le zoarium forme des colonies bilaminées ($= Eschara$).

Les fragments de cette espèce que j'ai vus provenant de l'île Cockburn mesurent 4,5—8 mm. de largeur et 1,5 mm. d'épaisseur et sont très usés.

Zoécies allongées, étroites, disposées en lignes longitudinales alternantes placées obliquement contre les parois latérales du zoarium; entre les différentes zoécies on n'aperçoit pas de limites. Apertura arrondie, d'environ 0,15 mm. de diamètre, ou semi-circulaire avec la lèvre inférieure droite, faiblement arquée ou avec une saillie en forme de dent placée obliquement à côté d'un sillon profond conduisant au trou de l'aviculaire. Frontale (dans les exemplaires que j'ai eus entre les mains) non lisse, avec des fossettes et des pores assez grands, ordinairement anguleux parmi lesquels je n'ai pu distinguer aucun *pore spécial* ou fenestrule.

Avicellaires, un dans chaque zoécie, placés près d'un des côtés de la zoécie vers le milieu, profondément enfoncés sous la surface de la frontale. Mandibule en forme de lancette, pointue, dirigée vers le côté, en dehors; longueur 0,30 mm.

$$\text{Zoécie} \begin{cases} \text{hauteur } 1 \text{ mm.} \\ \text{largeur } 0,62 \text{ mm.} \end{cases}$$

$$\text{Apertura} \begin{cases} \text{hauteur } 0,12 \text{ mm.} \\ \text{largeur } 0,16 \text{ mm.} \end{cases}$$

Comme il me semblait évident que les carcatères décrits ici n'étaient que secondaires et ne pouvaient être considérés comme suffisants pour déterminer d'une manière plus précise les affinités de l'espèce, j'ai trouvé nécessaire de rechercher aussi au moyen de plaques minces prises suivant des plans différents les caractères originaires de l'espèce.

Coupe verticale à angle droit par rapport à la lamelle médiane (pl. 5, fig. 6).

Les cloisons mitoyennes des deux côtés de la lamelle médiane partent en alternant l'une avec l'autre, sous un angle d'environ 55° et d'abord d'une hauteur d'environ 0,5 mm. formant une ligne droite. A cette hauteur apparaît un petit filet se détachant perpendiculairement du mur, un hémiphragme. La partie de la cloison distale appartenant au tube péristomal qui se trouve au-dessus de cet hémiphragme est arquée. La paroi frontale est plus forte dans la partie proximale que dans la partie distale de la zoécie et est traversée par des canaux longs et parfois ramifiés. De ce mur se détachent, pour s'insérer dans la partie proximale du tube péristomal, à un niveau un peu plus élevé que l'hémiphragme que je viens de décrire, deux minces lamelles, une supérieure et une inférieure. L'espace intermédiaire entre ces lamelles forme l'orifice quelque peu resserré d'une cavité suborale élargie en forme de vessie. Cette cavité qu'on pourrait peut-être interpréter comme un équivalent du «pore spécial» simplement en forme de conduit de *Adeonella atlantica* BUSK[1] ne s'ouvre pas cependant directement en dehors, mais par un certain nombre de canaux qui partent de cette cavité, et qui ne se distinguent en aucune manière à la surface de la zoécie des autres orifices des canaux venant de la cavité proprement dite de la zoécie.

Coupe tangentielle (pl. 5, fig. 3, 4, 5).

De ces deux lamelles observées sur le mur proximal du tube péristomal la lamelle inférieure constitue la lèvre proximale de l'apertura primaire. Celle-ci a une forme extrêmement particulière, droite avec deux saillies rectangulaires dirigées vers l'ouverture (pl. 5, fig. 3). L'orifice primaire est donc semi-circulaire avec deux dents rectangulaires près des parties latérales de la lèvre inférieure. On voit, pl. 5, fig. 5, la lèvre inférieure de l'ouverture primaire, vue par-dessus, au fond de la chambre suborale du pore ouverte par la coupe. La même coupe montre aussi les stades de l'évolution ultérieure de l'apertura. La chambre suborale du pore est couverte par une continuation lamelliforme de la paroi frontale; à droit de la figure (pl. 5, fig. 5) la chambre suborale du pore n'est que superficiellement touchée par la coupe; à gauche de la même figure elle l'est plus profondément, à cette profondeur il y a comme un pont au-dessus de la chambre du pore. Ce pont est, comme certaines coupes le montrent, formé par deux lamelles qui se détachent des deux côtés de l'ouverture et tendent à se rencontrer au milieu.

Habitat. L'espèce a été rencontrée par l'Expéd. Antarct. Suédoise à la Station 95, à 63° 9′ de Lat. Sud et 58° 17′ de Long. Ouest (95 m.) à une température de fond de — 1° C., et dans le Moränfjord (Géorgie du Sud) à une profondeur de 148 m. et à une température de fond d'environ + 1,5° C.

---

[1] WATERS, Challenger Report, Zoology, Vol. 31, Polyzoa, pl. 2, fig. 20.

Gen. *Hornera* LAMOUROUX, 1821.

Hornera antarctica WATERS.

Pl. 5, fig. 8, 9, 10, 11.

1904. *Hornera antarctica* WATERS, Résult. du Voyage du «Belgica», Zoologie, Bryozon, p. 93, pl. 9, fig. 1.

Le zoarium forme des colonies ramifiées, en coupe transversale un peu aplaties en avant et en arrière; diamètre maximum 2 mm., minimum 1,4 mm. Rameaux dichotomes dans l'exemplaire de l'île Cockburn.

Les aperturas des zoécies (pl. 5, fig. 8) disséminées sur le côté oral de la colonie ou disposées en lignes transversales. Sur une ligne longitudinale de 2 mm. de longueur viennent 5 ou 6 aperturas.

Les aperturas sont rondes, d'un diamètre de 0,09 mm., celles des parties latérales du zoarium parfois allongées en formes de tuyaux. Entre les aperturas de fins sillons longitudinaux (*sulci*) dans le fond desquels apparaît une ligne de petits pores. On trouve environ 12 *sulci* dans une largeur d'1 mm. La distance entre les pores d'une ligne approximativement égale à la distance entre les *sulci*.

Sur le côté dorsal du zoarium (pl. 5, fig. 9) on ne voit pas d'aperturas zoéciales, seulement des *sulci* longitudinaux avec des pores disposés de la même manière que sur le côté oral de la colonie, les *sulci* du côté dorsal plus réguliers que ceux du côté oral. Les ovicelles qui ordinairement sont disposés sur le côté dorsal de la colonie ne se trouvent pas sur les deux petits fragments provenant de l'île Cockburn.

Une coupe transversale à travers la colonie (pl. 5, fig. 10) montre que la région de l'axe de cette colonie est occupée par les conduits zoéciaux arrondis ou polygonaux. Les plus petits tubes sont traversés par la coupe immédiatement au-dessus de l'endroit où chacun prend naissance sur les plus grands. La partie corticale du côté oral de la colonie, plus épaisse que les autres parties (0,46 resp. 0,28 mm.) est constituée de lamelles concentriques traversées de petits conduits «celliculaires»[1] qui dans les parties périphériques de l'écorce vont dans une direction horizontale mais qui à l'intérieur s'étendent obliquement vers le bas et vers l'intérieur jusqu'à ce qu'elles débouchent dans une zoécie; ces parties corticales des conduits celliculaires sont dans une coupe transversale touchées horizontalement ou obliquement. Une coupe en longeur dans le plan sagittal (pl. 5, fig. 11) montre les conduits zoéciaux sortant d'un tube allongé à l'intérieur de la partie corticale du côté dorsal et s'étendant de là obliquement en avant et en haut vers le côté oral. Mes matériaux

---

[1] HENNIG, Gotlands silurbryozoer, 1, Arkiv för zoologi, Bd. 2, N:o 10, p. 7.

sont trop peu nombreux pour pouvoir bâtir dessus quelques conclusions un peu générales. Il semble cependant que les tubes zoéciaux à l'intérieur des couches corticales de la colonie sont resserrés de telle sorte que l'on peut là aussi distinguer une région vestibulaire plus étroite que la zoécie primaire. *Hornera* rappelle donc également à ce point de vue le genre *Thamniscus* KING constitué par les espèces paléozoïques.[1]

Habitat. Cette espèce est déjà connue au Cap Horn (WATERS) et au large de la Terre Alexandre I (dragages de l'Expédition Antarctique Belge):

Lat. 70° 23′ S. Long. 82° 47′ O. 480 m.; +0,8° C.

Lat. 70° 00′ S. Long. 80° 48′ O. 500? m.; +0,9° C.

Lat. 70° 15′ S. Long. 84° 06′ O. 569 m.; +0,8° C.

L'Expédition Antarctique Suédoise l'a trouvée au S. E. de l'île Seymour à 64° 20′ de Lat. Sud et 56° 38′ de Long. Ouest (150 m.).

A l'époque de la formation du Conglomérat à Pecten subfossile de l'île Cockburn, le Pleistocène, elle était une espèce de faibles profondeurs; de nos jours elle a été forcée de descendre à des profondeurs relativement considérables.

Brachiopodes.

Hemithyris antarctica BUCKMAN.

1909. *Hemithyris antarctica* BUCKMAN, Antarct. foss. Brachiop., Wissensch. Ergebn. d. Schwed. Südpolar-
Exped., Bd. 3, Hft. 7, p. 13, pl. 1, fig. 8, 9.

On n'a jusqu'ici trouvé cette espèce que dans le Conglomérat à Pecten de l'île Cockburn, et BUCKMAN la considère comme l'équivalent méridional de la *Hemithyris psittacea* GM. boréale.

Magasella australis BUCKMAN.

1909. *Magasella australis* BUCKM., Antarct. foss. Brachiop., Wissensch. Ergebn. d. Schwed. Südpolar-Exped.
Bd. 3, Hft. 7, p. 19, pl. 1, fig. 14—16, pl. 3, fig. 3 a, 3 b.

L'espèce a une très grande ressemblance avec la *Magasella aleutica* DALL, et BUCKMAN la considère comme l'équivalent méridional de cette espèce. Jusqu'ici elle n'a encore été trouvée que dans le Conglomérat à Pecten de l'île Cockburn.

Magellania fontainei D'ORBIGNY.

1847. *Terebratula fontainei* D'ORB., Voy. Amér., Vol. 5, p. 675, pl. 85, fig. 30, 31.
1909. *Magellania fontainei* BUCKM., Antarct. foss. Brachiop., Wissensch. Ergebn. d. Schwed. Südpolar-
Exped., Bd. 3, Hft. 7, p. 22, pl. 3, fig. 6.

---

[1] Cf. WATERS, Expéd. antarct. Belge, Résult. du Voyage du S. Y. Belgica, Zoologie, Bryozoaires, p. 96, not. 3. HENNIG, Gotlands silur-bryozoer, 2, Arkiv för zoologi, utgifvet af K. Svenska Vet. Akad., Bd. 3, N:o 10, p. 16, fig. 14.

D'après VON IHERING[1] cette espèce a été trouvée dans les dépôts tertiaires de Coquimbo au Chili, mais non dans le tertiaire de la Patagonie; dans les mers récentes elle vit également sur les côtes du Chili et sur celles de la Terre de Magellan. DAVIDSON et DALL considèrent *M. fontainei* D'ORB. comme une synonyme de *M. venosa* SOL., manière de voir que BUCKMAN cependant ne partage pas sans réserves. VON IHERING[2] ne considère *M. lenticularis* DESH. récente, de la Nouvelle-Zélande, que comme une sous-espèce de *M. venosa* SOL. BUCKMAN également admet la presque-identité de *M. fontainei* D'ORB. de l'Amérique avec *M. lenticularis* DESH. de la Nouvelle-Zélande.

Foraminifères.

D'après les études de M. RICHARD HOLLAND,[3] ce groupe d'animaux comprend les 11 espèces suivantes:

Biloculina ringens LAM.; cosmopolite dans les mers actuelles et se trouve jusqu'à une profondeur de 5,500 mètres; également dans des eaux saumâtres.

Biloculina elongata D'ORB.; très répandue dans les mers actuelles; se trouve aussi dans les estuaires de l'Angleterre.

Miliolina grata TERQU.; connue du pliocène supérieur de Rhodes.

Cassidulina crassa D'ORB.; cosmopolite dans toutes les mers et à toutes les profondeurs jusqu'à 5,500 mètres environ; non connue dans les estuaires de l'Angleterre. Cette espèce est la plus fréquente dans le Conglomérat à Pecten, elle forme les 5/6 des spécimens des foraminifères qu'on y trouve.

Lagena globosa MONTAGU.; dans toutes les mers actuelles sans restriction de latitude ni de profondeur; également dans les estuaires des côtes de l'Angleterre.

Cristellaria gibba D'ORB.; extrêmement répandue dans les mers actuelles.

Polymorphina gutta D'ORB.; cosmopolite; particulièrement commune dans les hauts fonds des mers tempérées.

Truncatulina refulgens MONTF.; uniquement dans les mers tempérées, de 80 à 4,400 mètres de profondeur; également dans les estuaires de l'Angleterre.

Truncatulina lobatula WALKER; commune dans toutes les mers actuelles et à toutes les profondeurs, plus commune toutefois dans la zone littorale; également dans les estuaires de l'Angleterre.

Truncatulina ungeriana D'ORB.; très répandue au point de vue géographique ainsi que bathymétrique dans les mers actuelles.

---

[1] Les Brachiop. tert. Patagonie, Anales Museo Nacion. Buenos Aires, Tome 9, 1903, p. 342.
[2] Les Mollusques foss. tert. et crét. sup., Anales Museo Nacion. Buenos Aires, Sér. 3, T. 7, 1907, p. 477.
[3] Wissensch. Ergebn. Schwed. Südpolar-Expedition 1901—1903 unter Leitung v. Dr OTTO NORDENSKJÖLD, Vol. III:9,

Rotalia Beccarii L.; plus commune dans la zone littorale, mais, par exception, aussi à de plus grandes profondeurs; connue également dans les estuaires des côtes de l'Angleterre.

CHAPITRE IV.

Age du Conglomérat à Pecten.

De l'exposé présenté dans le Chapitre précédent de la faune du Conglomérat à Pecten il résulte que cette faune, dans la mesure où une identification a été possible avec les espèces précédemment étudiées, se compose d'espèces encore vivantes ou d'espèces très voisines de l'époque récente. Cependant il n'existe aujourd'hui sur les côtes de l'île Cockburn que de traces de la faune du Conglomérat à Pecten. Si donc du point de vue purement paléontologique nous devons désigner la faune du Conglomérat à Pecten comme quaternaire, du point de vue biogéographique par contre on doit l'appeller subfossile.

Parmi les 12 espèces de Bryozoaires 6 espèces ont été rencontrées vivantes dans les mers antarctiques actuelles, en deçà du cercle polaire. 3 de ces espèces, *Micropora brevissima* WATERS, *Microporella parvipora* WATERS et *Hornera antarctica* WATERS, ont été recueillies par l'Expédition Antarctique Belge, en delà de la Terre Alexandre I à une profondeur d'environ 500 m. ou plus, et à une température de fond qui variait dans les différents lieux de recherche entre +0.3 et +0,8° C. Un fait caractéristique pour la Mer Antarctique, c'est que, déjà à cette profondeur de 500 m. règne une température constante «inférieure à +2° C., qui s'étend régulièrement jusqu'aux plus grandes profondeurs, où elle est la même, tant sous les latitudes élevées qu'au niveau équivalent sous les tropiques».[1] Les mêmes espèces accompagnées de *Mucronella praestans* HINCKS et *Adeonella Watersi* HNG ont été retrouvées par l'Expédition Antarctique Suédoise au E. de la Terre de Graham à une profondeur de 95—150 m. L'Expédition Antarctique Française a retrouvé non seulement *M. brevissima* WATERS et *M. parvipora* WATERS mais aussi *Mucronella praestans* HINCKS *var. tridens* CALVET aux îles Booth-Wandel et Wyncke et à la baie Schollaert, à une profondeur d'environ 30 m. La 6ème espèce de Bryozoaires du Conglomérat à Pecten qu'on a rencontrée dans la mer antarctique actuelle est *Inversiula nutrix* JULL. recueillie par la Southern Cross-Expédition, au Cap Adare, à une profondeur de 18 m.

Aucune de ces 6 espèces vivant dans la Mer Antarctique proprement dite en deçà du cercle polaire n'est spéciale à cette mer. Toutes les espèces nommées, excepté *M. praestans*, se retrouvent également dans la zone côtière de la Terre de

---

[1] PELSENEER, Résultats du Voyage du Belgica, Zoologie, Mollusques, Anvers 1903, p. 70.

Magellan, aux îles Falkland ou à la Géorgie du Sud, appartiennent au même groupe que 4 autres espèces de Bryozoaires du Conglomérat à Pecten, *Cribrilina patagonica* WATERS, *Microporella ciliata* L., *Microporella Malusi* AUD. et *Exochella longirostris* JULL., qui jusqu'ici n'ont pas été rencontrées vivantes dans le domaine proprement dit de l'Océan Antarctique, l'Océan Antarctique étant pris ici dans l'acception proposée par M. PAUL PELSENER, c'est-à-dire, comprenant la mer polaire du Sud, en delà de l'isocryme de — 1.11° C. pour l'eau superficielle de la mer, en delà de l'isotherme atmosphérique de 0° C. et en delà de la limite extrême de la banquise.[1]

D'après la carte des minima absolus de la température superficielle des Océans de Sir JOHN MURRAY,[2] l'isocryme de + 2.2° C. doit traverser la zone côtière de la Terre de Magellan et des îles Falkland; d'après la carte plus ancienne du professeur J. D. DANA,[3] la température minima de l'eau superficielle de ces zones côtières semblerait un peu plus élevée, environ + 3.3° C. Les Bryozoaires en question, excepté *Adeonella Watersi* HNG, vivent à une profondeur de 18 à 19 m. Comme il résulte du travail du 'Dr G. SCHOTT[4] sur les résultats des mesures de l'Expédition Allemande de recherches sur les profondeurs de la mer de la «Valdivia», la température de fond, à 20 m. au-dessous du niveau de la mer dans l'Océan Antarctique, semble être un peu (de 0.1° à 0.2°) inférieure à la température de l'eau superficielle. Nous pouvons donc, à moins d'erreur trop grave commise, prétendre que le minimum absolu de la température de l'eau, à une profondeur de 20 m. au-dessous du niveau de la mer dans le détroit de Magellan et au large des îles Falkland est environ + 2° C.

On peut donc dire que 75 % de la faune bryozoaire du Conglomérat à Pecten se rencontrent actuellement dans la Terre de Magellan, aux îles Falkland ou à la Géorgie du Sud,

que 66 % vivent à une profondeur d'environ 20 m. et à une température dont le minimum peut être fixé en chiffres ronds à + 2° C.,

que 33 % ne vont pas plus au Sud que jusqu'au point indiqué, en ajoutant que pour ces 33 %, une température de fond d'environ + 2° C. peut être considérée comme un minimum d'existence, et

que pour les 42 % restants, qui vivent aussi dans l'Océan Antarctique proprement dit, le minimum de température peut être placé entre + 0.8 et — 1° C.

Sur les 9 espèces de Bryozoaires citées plus haut et vivant actuellement dans la zone côtière, au large de la Terre de Magellan, des îles Falkland et de la Géorgie du Sud il y a 5 espèces, *Micropora brevissima* WATERS, *Microporella parvipora*

---

[1] Op. cit. p. 56, carte 1, page 57.

[2] J. MURRAY, On the temperature of the floor of the ocean, and of the surface waters of the ocean, Geograph. Journal, Vol. 14, London 1899, Carte 2.

[3] J. D. DANA, Manual of Geology, Edition 2, New-York 1875. Physiogr. Chart of the world.

[4] G. SCHOTT, Oceanographie und maritime Meteorologie, Wissensch. Ergebn. d. deutsch. Tiefsee-Exped. auf d. Dampfer «Valdivia» 1898—99, Bd. 1, Texte, Temperaturkurven, Taf. 18.

WATERS, *Microporella ciliata* L., *Microporella Malusi* AUD. et *Exochella longirostris* JULL., qui ont été retrouvées vivantes dans les parages de l'Australie, dans le détroit de Bass, dans le détroit de Cook (côte méridionale de l'île du Nord, en Nouvelle-Zélande) et sur la côte des îles Chatham.

On pourrait encore ajouter aux espèces que je viens de citer *l'Inversiula inversa* WATERS, d'Australie (côte de la Nouvelle Galles du Sud) qui, si elle n'est pas absolument identique à *l'Inversiula nutrix* JULL. du canal du Beagle, n'en est cependant qu'une variété extrêmement voisine de cette espèce.

Outre ces 5 (resp. 6) espèces communes aux parages de l'Amérique du Sud et de l'Australie, on trouve sur les côtes de l'Australie, de la Nouvelle-Zélande ou des îles Chatham encore 3 espèces, *Mucronella praestans* HINCKS, *Cellaria rigida* MC GILL. et *Cyclicopora longipora* MC GILL. De ces espèces *M. praestans* HINCKS vit dans l'Antarctique de l'ouest, les autres n'ont pas été rencontrées vivantes au Sud de l'île du Nord en Nouvelle-Zélande, ni au Sud des îles Chatham. La température minima absolue à une profondeur de 20 m. dans le détroit de Bass (côte de Victoria), sur le côté nord du détroit de Cook et aux îles Chatham est, évaluée d'après les mêmes sources et de la manière indiquée plus haut (p. 41), en chiffres ronds de + 10° C.

Ainsi donc dans la partie de la zone côtière de l'Australie qui vient d'être determinée on rencontre actuellement 8 (resp. 9) espèces, c.-à-d. 67 % (resp. 75 %) des 12 espèces que l'on a trouvées dans le Conglomérat à Pecten de l'île Cockburn; pour 17 % de ces espèces, la température minima, + 10° C., que l'on constate dans la zone côtière en question peut être considérée comme un minimum d'existence, tandis que les 50 % (resp. 58 %) restants sont des espèces qui peuvent vivre aussi à une température de fond de + 2° C. (dans la Terre de Magellan) ou: 25 resp. 33 % même peuvent vivre à une température de — 1° C. à + 0.8° C. (dans l'Océan Antarctique).

Le tableau ci-dessous a pour objet de présenter une vue d'ensemble de la distribution actuelle, telle que nous la connaissons des Bryozoaires du Conglomérat à Pecten dans l'Océan Antarctique et dans les mers subantarctiques. Les chiffres entre ( ) donnent les minima absolus pour la température de l'eau aux endroits où les exemplaires ont été rencontrés.

Ainsi donc, pour résumer ce qui vient d'être dit sur les 12 espèces de Bryozoaires du Conglomérat à Pecten, on constate l'existence actuelle de

6 espèces, 50 %, également dans l'Océan Antarctique proprement dit — temp. entre — 1° C. et + 0.8° C.,

4 espèces, 33 %, pas au sud de la Terre de Magellan — minimum absolu + 2° C.,

2 espèces, 17 %, pas au sud des îles Chatham — minimum absolue + 10° C.

Si l'on voulait d'une manière tout à fait schématique juger d'après les 2 espèces de Bryozoaires qui dans les mers actuelles ne dépassent pas vers le sud les îles

	Océan Antarctique. (Les chiffres des minima résultent des interpolations directes.)	Autour de la Terre de Magellan et des Iles Falkland.	Sur le côté nord du détroit de Bass, du détroit de Cook ainsi qu'aux îles Chatham.	Dans le Conglomérat à Pecten de l'Île Cockburn.
Micropora brevissima WATERS . .	+ (— 1 à + 0.3° C.)	+ (+ 2° C.)	+ (+ 10° C.)	+
Microporella parvipora WATERS . .	+ (— 1 à + 0.8° C.)	+ (+ 2° C.)	+ (+ 10° C.)	+
Inversiula nutrix JULL.	+(inférieure à — 1° C.)	+ (+ 2° C.)	? (? + 10° C.)	+
Hornera antarctica WATERS . . .	+ (— 1 à + 0.8° C.)	+ (+ 2° C.)	—	+
Microporella Malusi AUD.	—	+ (+ 2° C.)	+ (+ 10° C.)	+
» *ciliata* L.	—	+ (+ 2° C.)	+ (+ 10° C.)	+
Exochella longirostris JULL. . . .	—	+ (+ 2° C.)	+ (+ 10° C.)	+
Cribrilina patagonica WATERS . .	—	+ (+ 2° C.)	—	+
Cellaria rigida MC GILL.	—	—	+ (+ 10° C.)	+
Cyclicopora longipora MC GILL. . .	— —	—	+ (+ 10° C.)	+
Mucronella praestans HINCKS . . .	+ (— 1° C.)	—	+ (+ 10° C.)	+
Adeonella Watersi HNG	+ (— 1° C.)	+ (+ 1.5° C.)	—	+
Total	6 (— 1° C. à + 0.8° C.)	9 (+ 1.5 à + 2° C.)	8 (9) (+ 10° C.)	12

Chatham, la zone côtière. de la mer du Conglomérat à Pecten au large de l'île Cockburn aurait eu une température minima de + 10° C. J'estime cependant qu'il est bien hasardeux de vouloir fixer, du moins pour l'instant, cette température en degrés, et je me bornerai à la formule suivante: 50 % des espèces de la faune bryozoaire trouvée dans le Conglomérat à Pecten exigent actuellement une mer avec une température minima plus élevée, parfois même beaucoup plus élevée que celle qui règne dans la zone côtière actuelle au large de l'île Cockburn, —1.8° à —1.9° C., fait dont on a tout lieu de conclure que la zone côtière dans la région ouest de l'Océan Antarctique devait être à l'époque du dépôt du Conglomérat à Pecten sensiblement plus chaude que la même zone côtière dans l'Océan Antarctique actuel.[1]

La cause ou du moins une des causes principales de la disparition partielle de la faune bryozoaire du Conglomérat à Pecten de son ancienne résidence dans le domaine côtière de l'île Cockburn est donc sans doute un abaissement considérable de la température de la mer du Conglomérat à Pecten, abaissement qui a dû être en corrélation avec un changement général du climat dans le domaine antarctique. En outre étant donné que la compositon générale de la faune du Conglomérat à

---

[1] Le grès tertiaire renfermant des plantes fossiles, trouvé par le Professeur OTTO NORDENSKJÖLD à l'île Seymour (P. DUSÉN, Ueb. die Tert. Flora der Seymour-Insel, Wissensch. Ergebn., Schwed. Südpolar-Exped., III: 3), nous démontre que le climat de la région ouest de l'Antarctica était subtropique pendant au moins une certaine période (oligocène ou miocène) de l'âge tertiaire.

Pecten indique d'une manière précise l'âge de la formation comme quaternaire, cet abaissement de climat a dû se produire seulement à l'époque quaternaire.

Les recherches de l'Expédition Belge,[1] comme celles de l'Expédition Antarctique Suédoise[2] ont démontré que des parties beaucoup plus considérables de la Terre de Graham ont été recouvertes par la landise pendant une certaine époque glaciaire antarctique, que ce n'est le cas de nos jours. Assurément on n'a pas pu démontrer que les îles Seymour et Cockburn aient été également recouvertes par cette landise antarctique; mais, même s'il n'en a pas été ainsi, le recouvrement par les glaces de la Terre de Graham voisine, a dû d'une part être provoqué par un abaissement général de la température de l'air et d'autre part provoquer lui-même un abaissement sensible de la température de la mer de glace avoisinante.

En ce qui concerne la Terre de Magellan, M. HENRYK ARCTOWSKI suppose (op. cit., p. 73) une température de l'époque glaciaire comparable à la température actuelle dans l'Océan Antarctique de l'ouest, au Sud du Cap Horn, c'est-à-dire une température inférieure d'environ 10 à 12° C. à celle de la Terre de Magellan actuelle. D'après le Professeur J. GUNNAR ANDERSSON[3] l'abaissement d'environ 5° de la température moyenne actuelle de la Géorgie du Sud donnerait directement naissance à une nouvelle époque glaciaire dans le groupe d'îles mentionné. Pour provoquer un nouveau recouvrement par la landise de la Terre de Graham il ne faut pas sans doute supposer nécessairement une température beaucoup plus basse que celle de nos jours,[4] mais l'abaissement mentionné, nécessaire à la rentrée de l'âge glaciaire dans la Terre de Magellan et la Géorgie du Sud, doit sans aucun doute avoir été en rapport avec une température inférieure à la température actuelle aussi en ce qui concerne la Terre de Graham.

D'après le Dr G. SCHOTT[5] c'est la température basse de l'air dans les régions polaires qui doit être considérée comme le facteur primitif du refroidissement des mers polaires; l'air peut refroidir l'eau de la mer (salée) jusqu'à — 1° C. et au-dessous sans que la congélation se produise. Il en résulterait donc que déjà l'abaissement de la température de l'air qui a provoqué le recouvrement par la landise de la Terre de Graham peut avoir été suffisant pour abaisser la température de la mer du Conglomérat à Pecten près de l'île Cockburn jusqu'à au moins — 1° C.

---

[1] ARCTOWSKI, Les glaciers, Résultats du voyage de S. Y. Belgica, Géologie, p. 59. et suivantes.

[2] J. GUNNAR ANDERSSON, On the geology of Graham land, Bull. Geol. Instit. of Upsala, Vol. 7, p. 53 et suiv. — OTTO NORDENSKJÖLD, Einige Beobachtungen über Eisformen u. Vergletscherung d. antarktischen Gebiete, Zeitschr. f. Gletscherkunde, Vol. 3, 1909, p. 329 et suiv.

[3] Antarctica par O. NORDENSKJÖLD etc., II, Stockholm 1903, p. 311.

[4] Seulement 5 % des jours de l'année ont dans la Terre de Graham une température un peu au-dessus de ±0; tous les autres jours sont plus froids. (J. GUNNAR ANDERSSON, Antarctica par OTTO NORDEN-SKJÖLD etc., II, Stockholm 1903, p. 313).

[5] Oceanographie und maritime Meteorologie, Wissensch. Ergebn. d. deutsch. Tiefsee-Exped. auf d. Dampfer «Valdivia» 1898—99, Bd 1. Jena 1902, p. 193.

Mais que d'autre part il existe encore d'autres causes aux faibles températures des mers polaires c'est ce qu'ont démontré les recherches du Professeur O. PETTERSSON et de M. J. Y. BUCHANAN.[1] Je pense en particulier aux icebergs en fusion partiellement immergés dans l'eau salée. Ces icebergs, provenants de glaciers ou de landises sont formés de glace d'eau douce et peuvent, quand ils se présentent en assez grande quantité, abaisser au moment de leur fusion, aussi bien la température du fond que celle de l'eau superficielle dans les mers de glace jusqu'à — 1.7 ou — 1.8° C. selon les différents degrés de salinité de l'eau de la mer.

D'après les renseignements que M. le Professeur J. GUNNAR ANDERSSON a bien voulu me donner par lettre ce n'est «qu'exceptionellement que la température de l'eau de la mer actuelle près de l'île Cockburn monte aussi pendant l'été jusqu'à un ou deux degrés au-dessus de $\pm$ 0; ordinairement cette température est entre $\pm$ 0 et le point de congélation de l'eau de la mer, variant d'après le changement de la salinité». La température de la mer près de l'île Cockburn à l'époque glaciaire antarctique ne peut en aucun cas être considérée comme plus élévée que celle de nos jours.

Les bryozoaires du Conglomérat à Pecten n'étaient donc pas, comme cela résulte bien de l'exposé ci-dessus, des bryozoaires de mer de glace. Un certain nombre au moins d'entre eux exigent une température minima d'environ + 10° C. On ne peut donc pas penser, pour les raisons déjà données, qu'une partie considérable du Conglomérat à Pecten ait été déposé pendant l'âge glaciaire antarctique. Il se peut au contraire que la moitié de sa faune ait été chassée par la basse température de l'époque glaciaire antarctique ou de l'époque actuelle de son domaine sur les côtes de l'île Cockburn.

A cela vient s'ajouter qu'une faune côtière ne pouvait naturellement pas vivre dans une mer polaire considérablement refroidie, et dont la zone côtière était exposée aux attaques les plus violentes d'une banquise qui naturellement détruisait complètement par voie d'abrasion la flore et la faune qui pouvaient s'y trouver.

L'étude seule de la faune du Conglomérat à Pecten ne peut pas nous conduire plus loin; elle nous a certainement démontré que cette faune est quaternaire et qu'elle a été chassée, par parties, des côtes de l'île Cockburn par un abaissement de la température, mais elle n'a pas donné une réponse définitive à la question: le Conglomérat à Pecten est il pleistocène ou post-glaciaire?

J. GUNNAR ANDERSSON[2] a trouvé au «Nase», promontoire de l'île James Ross, avancé dans le détroit de Sidney Herbert, une argile bien stratifiée, à environ 4 mètres

---

[1] O. PETTERSSON, On the properties of water and ice, Vega-Expeditionens Vetenskapl. Iakttag., Bd 2, Stockholm 1883, p. 318. — J. Y. BUCHANAN, On the distrib. of temperature in the Antarctic Ocean, Nature, Bd. 35, p. 516. — Voir aussi SCHOTT, «Valdivia», Bd. 1, p. 133 et 193.

[2] Bull. Geol. Inst. of Upsala, Vol. 7, page 58.

au-dessus du niveau de la mer, contenant des coquilles d'*Anatina elliptica* KING et de *Thracia meridionalis* SMITH et des blocs polis par la glace; on présume que l'argile est post-glaciaire. Cette découverte fait supposer que pendant le période où l'argile s'est déposée le climat, dans la région de la Terre de Graham, était plus doux qu'il ne l'est de nos jours. Si tel est effectivement le cas, on peut supposer que le Conglomérat à Pecten s'est aussi formé pendant cette période post-glaciaire plus douce et que sa faune n'a été chassée de l'île Cockburn qu'après la période post-glaciaire, c'est-à-dire sous le climat plus rude de l'époque actuelle.

Dans son ouvrage souvent cité «On the geology of Graham land»,[1] J. GUNNAR ANDERSSON écrit: «It cannot be doubted that the basalt tuff once formed a much more contiuous area than to day and that the large eastern channels, Crown Prince Gustav channel, Admiralty sound, Sidney Herbert sound and Frithiof sound are younger than the tuff (and probably also than the Pecten-conglomerate)» . . . «We are forced to suppose that these valleys were, at least to a large extent, cut out in the vast tuff area by means of landsculpturing forces during a period when the land lay much higher than to-day. This must have happened in very late Tertiary or early Quarternary times and it is very probable, that the inland ice during the maximum glaciation continued the dessecting work carried out before by running water and other subaërial agents.»

Dans un autre travail: «Addendum Remarks on the age of Brachiopode yielding beds of Cockburn Island»[2] le même auteur écrit: «It seems highly probable that Cockburn Island, at the Quarternary time during which this conglomerate was formed, did not exist as an isolated island, but that its level area upon which the conglomerate rests, was then much farther extended, probably connected with the plateau areas of surrounding islands. If this conception is correct, the denudation which formed Admiralty sound and isolated Cockburn Island, must have taken place in Quarternary time.»

En supposant que le Conglomérat à Pecten ait été déposé pendant la période post-glaciaire, ce n'est qu'après cette période qu'il aurait atteint une hauteur supérieure, voire même très supérieure à 250 + 20 m., c'est-à-dire à 270 mètres; en outre, ce n'est que pendant et après cette élévation que les forces érosives auraient creusé dans le fond de la mer mis à sec les profondes vallées d'érosion, les détroits, qui séparent actuellement l'île Cockburn des îles et des terres environnantes; à cela s'ajoute qu'il faut rapporter la formation des profonds détroits et golfes de l'Antarctica de l'Ouest et de la Terre de Feu au maximum de glaciation, ou, en d'autres

---

[1] Bull. Geol. Inst. of Upsala, Vol. 7, page 63.

[2] Wissensch. Ergebn. Schwed. Südpolar-Expedition 1901—1903 unter Leitung von Dr OTTO NORDEN-SKJÖLD, Vol. 3, Livraison 7, page 3.

termes, qu'elle dépend, du moins en partie, du travail d'érosion des glaciers pendant la période glaciaire antarctique.

En m'appuyant sur les conditions géologiques générales dans la région d'exploration de l'Expédition Antarctique Suédoise, signalées par le Professeur J. GUNNAR ANDERSSON, je conclus donc que le Conglomérat à Pecten doit être pré-glaciaire, ou peut-être par parties ancien-glaciaire, et non post-glaciaire.

VON IHERING[1] juge également que les détroits et golfes du district magellanien et du Chili sont pleistocènes et nullement post-glaciaires.

Ainsi la faune bryozoaire du Conglomérat à Pecten est quaternaire et d'un caractère subantarctique. Par suite de ce fait que la landisc antarctique avançait davantage vers le nord à l'époque glaciaire antarctique que de nos jours, l'Océan Antarctique plus chaud avant cette époque glaciaire se transforma en une mer de glace à basse température et à icebergs flottants. Les côtes furent entourées d'une ceinture de banquises plus forte même peut-être que de nos jours. La moitié de la faune de bryozoaires qui était installée auparavant sur la zone côtière de l'île Cockburn, faune pré-glaciaire par conséquent, fut expulsée et depuis elle n'a pas pu y revenir. Le Conglomérat à Pecten est ainsi donc quaternaire et pleistocène. Le commencement de l'âge glaciaire antarctique de l'ouest ne tombe qu'un certain temps après le début de l'âge quaternaire et par conséquent, géologiquement parlant, coïncide avec les débuts de l'époque glaciaire arctique.[2]

M. S. S. BUCKMAN,[3] dans ses travaux sur les Brachiopodes du Conglomérat à Pecten est arrivé à ce résultat que ces Brachiopodes sont, sinon identiques avec des espèces récentes, du moins extrêmement apparentés à ces espèces, par suite de quoi on peut estimer que le Conglomérat à Pecten appartient au pliocène très récent ou à l'ancien pleistocène. Cette déclaration d'un savant de la valeur de BUCKMAN vient naturellement à un haut point corroborer les conclusions exposées plus haut sur l'âge quaternaire de la faune du Conglomérat à Pecten.

---

[1] Annales Museo Nac. Buenos Aires, Sér. 3, tome 7, p. 495.

[2] Je me permets en passant d'attirer l'attention sur ce fait que M. MORGAN dans son ouvrage: The Geology of the Mihonui Subdivision in North Westland, Geol. Survey of New Zealand, Bulletin N:o 6 (New Series), 1908 dit que, en Nouvelle Zélande, des dépôts glaciaires appartenant au pliocène et au pleistocène suivent le miocène. Si cette interprétation est exacte, l'âge glaciaire aurait commencé dans l'Antarctica de l'est à une époque beaucoup plus ancienne que dans l'Antarctica de l'ouest.

[3] Antarct. foss. Brachiopoda, Wissensch. Ergebn. d. Schwed. Südpolar-Exped. 1901—1903, Bd. 3: 7, p. 33 (en épreuves).

Il est impossible de déterminer d'une manière certaine l'âge de la formation du Conglomérat à Pecten, en basant cette conclusion sur l'étude des foraminifères qui s'y trouvent, car, à l'exception de la *Miliolina grata* TERQU. qui n'est connue jusqu'à présent que dans le pleistocène supérieur, on trouve les mêmes foraminifères vivant dans les mers actuelles. M. HOLLAND dit[1] au sujet de l'âge de la faune de foraminifères: «Dr J. GUNNAR ANDERSSON considers the *Pecten-conglomerate* of Cockburn Island to be of Pliocene age. There is certainly nothing in the specimens of Foraminifera to lead anyone to dissent from this view.»

Il est bon de faire observer ici que les foraminifères peu nombreux qui ne sont pas cosmopolites marqués se trouvent exclusivement ou de préférence dans les mers tempérées.

CHAPITRE V.

Notices biographiques sur la faune du Conglomérat à Pecten.

A. Profondeurs.

Comme cela résulte déjà de l'exposé de la pétrographie du Conglomérat à Pecten, ce Conglomérat a dû se déposer à une profondeur relativement faible, au voisinage du rivage, sans cependant que la profondeur ait jamais été assez faible pour que la houle ait pu briser les grandes écailles fragiles de la *Myochlamys Anderssoni* HENNIG ou abîmer la très fine sculpture de l'écaille de cette même espèce. On peut cependant tirer de la composition de la faune bryozoaire des conclusions encore plus précises au sujet de la question des profondeurs sur les côtes de l'île Cockburn au moment du dépôt du Conglomérat à Pecten à cet endroit.

Inversiula nutrix JULL. est une forme côtière caractérisée qui vit à une profondeur de 18 à 19 m.

Exochella longirostris JULL. vit à une profondeur de 19 m.

Cellaria rigida MC G. a été rencontrée jusqu'à une profondeur de 33 m.

Mucronella praestans HINCKS est une forme côtière trouvée aussi jusqu'à une profondeur de 30 m.

Microporella Malusi AUD. est ordinairement une forme côtière qui, par exemple, dans la Terre de Magellan se tient à une profondeur qui varie entre 7 et 13 m. mais qui, dans certains autres endroits, a été rencontrée à une profondeur de 110 m. et plus.

---

[1] The foss. Foraminifera, Wissensch. Ergebn. d. Schwed. Südpolar-Exped. 1901—03, Vol. III: 9, p. 1.

Microporella ciliata L. est surtout une forme côtière qui recouvre des pierres, des coquillages etc.   On l'a cependant parfois rencontrée vivante à une profondeur d'environ 550 m.

Micropora brevissima WATERS, *Microporella parvipora* WATERS et *Hornera antarctica* WATERS sont dans la Terre de Magellan des formes côtières mais ont été aussi rencontrées dans l'Océan Antarctique au large de la Terre Alexandre I à une profondeur d'environ 500 m.

Adeonella Watersi HNG a été rencontrée à une profondeur de 95—148 m.

Cyclicopora longipora Mc G. est une forme côtière qui vit sur les côtes de l'Australie ou de la Nouvelle-Zélande.   Je ne puis pas actuellement indiquer exactement les profondeurs auxquelles cette espèce a été trouvée.

Cribrilina patagonica WATERS a été trouvée au large du Cap Horn; profondeur et endroit de la trouvaille inconnus.

Ainsi donc des 12 espèces de bryozoaires il y a

4 formes purement côtières, à une profondeur de 18 à 19 m., parfois (*Cellaria rigida* Mc G. et *Mucronella præstans var. tridens* CALV.) jusqu'à 33 m.,

2 formes côtières sans indications précises sur la profondeur,

5 formes littorales caractérisées qui montent jusqu'à la limite du rivage découvert par le reflux, mais qu'on rencontre quelquefois aussi dans les eaux profondes (500 m.),

1 forme littorale à une profondeur d'environ 100—150 m.

Le Conglomérat à Pecten qui renferme cette faune de Bryozoaires peut donc être considéré comme ayant été déposé comme une formation purement littorale à une profondeur qui peut être fixé en chiffres ronds à 20 m.

B.   Migrations de la faune.

a.   Mollusques.

Myochlamys Anderssoni HNG n'est pas absolument identique avec *Myochlamys patagonica* KING comme cela résulte de l'exposé ci-dessus, mais elle est très voisine cependant de cette espèce, particulièrement de la grande forme subfossile trouvée à Paraná.[1]

Le genre *Myochlamys* appartient d'après VON IHERING à «une faune antarctique commune, qui au commencement du tertiaire s'étendait jusqu'à la Nouvelle-Zélande, au Chili et à la Patagonie».[2]

---

[1] A. BAVAY, Notes au sujet du *Pecten* de la Républ. Argentine, Journ. de Conchyliologie, Vol. 54, Paris 1906, p. 10.

[2] Anales Museo Nac. de Buenos Aires, Sér. 3, T. 7, p. 499.

7—092665 *Schwedische Südpolar-Expedition 1901—1903.*

Une espèce qui appartient au même genre c'est la *Myochlamys geminata* Sow. qui apparaît dans des dépôts dont l'âge est déterminé d'une manière différente par différents auteurs, éocène, oligocène, miocène. C'est de cette espèce primitive que se développa d'après VON IHERING autour de la pointe méridionale de l'Amérique du Sud la *Myochlamys patagonica* KING récente (ou subfossile) et comme j'ai essayé de le montrer, dans l'Océan Antarctique, à une latitude plus élevée, la *Myochlamys Anderssoni* HNG pleistocène.

Du point de vue purement zoologique, *Myochlamys Anderssoni* HNG se trouve assurément entre *Myochlamys geminata* Sow. et *Myochlamys patagonica* KING (voir plus haut, p. 16—18); mais il ne me semble pas démontré par là que *M. Anderssoni* HNG constitue vraiment au point de vue phylogénétique, un anneau entre les deux espèces indiquées, même si une supposition de ce genre doit sembler très vraisemblable. On ne cite pas en effet d'espèce de *Myochlamys* provenant du tertiaire récent de l'Amérique du Sud dont on puisse dire qu'elle constitue une forme de transition entre *M. geminata* Sow. éocène et *M. patagonica* KING subfossile ou purement récente. Il n'est donc pas tout à fait impossible que l'évolution tertiaire récente de *M. geminata* Sow. en *M. patagonica* KING ait eu lieu à une latitude plus élevée, dans l'Océan Antarctique et que cette évolution ait atteint au commencement de l'époque quaternaire le stade que j'ai appelé *M. Anderssoni*.

Du moment que *M. Anderssoni* HNG ne vit pas sur les côtes de la Patagonie, on ne peut pas dire sans autre preuve qu'elle appartient à l'invasion tertiaire récente ou pleistocène des mollusques antarctiques dans les parages de l'Amérique du Sud, invasion qui, d'après VON IHERING aurait eu lieu à cette époque. Si l'espèce citée en dernier lieu fut au début de l'époque glaciaire entraînée de l'île Cockburn vers le nord, elle atteignit l'Amérique du Sud, non sous la forme de *M. Anderssoni* HNG mais sous la forme de *M. patagonica* KING. Pour la solution des questions qui se rattachent à ce point, il serait d'une importance capitale de déterminer l'âge du dépôt de Paraná où M. LAHILLE a trouvé la *M. patagonica* KING «subfossile» citée par M. A. BAVAY, qui, sans être identique à la *M. Anderssoni* HNG de l'île Cockburn, doit être considérée comme très voisine de cette espèce tant au point de vue des dimensions qu'à celui de la forme et de la sculpture.

b. Bryozoaires.

Parmi les Bryozoaires trouvés dans le Conglomérat à Pecten de l'île Cockburn

6 apparaissent déjà dans le miocène ou le pliocène, et

1 dans le pleistocène,

les 5 autres espèces restantes ne sont jusqu'ici connues que comme récentes. Le tableau ci-dessous indique la répartition des espèces, dans le tertiaire, le pleistocène et l'époque récente dans l'Océan Antarctique et les mers voisines.

	Tertiaire (T), pleistocène (P) de l'Argentine ou de la Patagonie	Tertiaire (T) de l'Australie ou de la Nouvelle-Zélande	Conglomérat à Pecten pleistocène de l'île Cockburn (P)	Vivant encore dans l'Océan Antarctique (R)	Vivant aux environs de la pointe méridionale de l'Amérique du Sud (R)	Vivant sur les côtes de l'Australie ou de la Nouvelle-Zélande (R)
Microporella Malusi Aud.	T	T	P	—	R	R
Cellaria rigida Mc Gill.	T	T	P	—	—	R
Inversiula nutrix Jull.	T	—	P	R	R	?
Exochella longirostris Jull. . . .	P	—	P	—	R	R
Cyclicopora longipora Mc Gill. . . .	—	T	P	—	—	R
Mucronella præstans Hincks . .	—	T	P	R	—	R
Microporella ciliata L.	—	T	P	—	R	R
Cribrilina patagonica Waters . .	—	—	P	—	R	—
Hornera antarctica Waters . . .	—	—	P	R	R	—
Micropora brevissima Waters . .	—	—	P	R	R	R
Microporella parvipora Waters .	—	—	P	R	R	R
Adeonella Watersi Hng	—	—	P	R	R	—
Total	4	5	12	6	9	8 (9)

1. Espèces déjà connues comme fossiles.

Dans les derniers stades de l'âge tertiaire 2 espèces, *Microporella Malusi* Aud. et *Cellaria rigida* Mc Gill., se rencontraient à la fois sur les côtes de l'Amérique du Sud et sur celles de l'Australie et de la Nouvelle-Zélande. De la même époque proviennent 3 espèces: *Microporella ciliata* L., *Cyclicopora longipora* Mc Gill. et *Mucronella præstans* Hincks connues dans les dépôts de l'Australie et de la Nouvelle-Zélande, mais non dans ceux de l'Amérique du Sud, tandis qu'une espèce, *Inversiula nutrix* Jull., n'est connue que dans le tertiaire de l'Amérique du Sud et n'a pas été rencontrée dans le tertiaire de l'Australie ni de la Nouvelle-Zélande. Il faut ajouter à ces espèces *Exochella longirostris* Jull. qui se rencontre dans le post-pampéen de la Patagonie.

Microporella Malusi Aud. Cette espèce semble être relativement ancienne. Elle apparaît déjà à l'âge du miocène et a déjà alors acquis une diffusion cosmopolite. A l'époque pleistocène, on a également démontré son existence dans l'Océan Antarctique de l'ouest, près de l'île Cockburn, tandis qu'à l'époque moderne, d'après ce que nous savons, elle a été expulsée de cette partie de son domaine d'habitation préglaciaire, de telle manière qu'on la rencontre sur toutes les régions côtières du monde entier, sauf dans les régions purement antarctiques. La *Microporella Malusi*

AUD. qui vit actuellement sur les côtes de la Patagonie, de la Terre de Feu et de l'Australie doit naturellement être considérée comme une descendante d'ancêtres ayant vécu dans les mêmes régions aux époques miocène et pleistocène; il n'y a aucune raison de supposer qu'elle doive provenir d'une immigration pleistocène antarctique, et on ne peut tirer de cette espèce aucun argument, ni en faveur, ni à l'encontre d'une telle supposition.

Cellaria rigida MC GILL. avait déjà atteint pendant les époques miocène et pliocène une assez grande extension dans la zone subantarctique: on la connait par des dépôts de ces époques à la fois dans les régions méridionales de l'Amérique du Sud et en Australie. Pendant l'époque pleistocène elle se trouvait, comme le démontre sa présence dans le Conglomérat à Pecten de l'île Cockburn, dans les parages de l'Océan Antarctique de l'ouest, à l'est de la Terre de Graham actuelle. A l'époque actuelle on ne l'a pas rencontrée sur le côté américain de la zone subantarctique; mais seulement sur le côté australien. Si notre connaissance de l'extension ancienne et moderne de cette espèce est complète, elle n'a en aucune manière participé à une invasion antarctique pliocène ou pleistocène jusqu'aux côtes de la Patagonie; elle semble au contraire être le type d'une espèce qui aurait été, pendant la dernière partie de l'âge tertiaire, répandue à la fois sur les côtes de l'Amérique du Sud et de l'Australie, et sur celles de l'Antarctica. Après l'époque glaciaire antarctique pendant lequel *Cellaria rigida* MC GILL. fut, par suite de conditions climatériques contraires etc., chassée du domaine purement antarctique, elle ne se retrouve que dans un des ses anciens domaines d'extension, le domaine australien, et non dans l'autre, le domaine américain.

Inversiula nutrix JULL. se trouvait à l'époque miocène sur les côtes les plus méridionales de l'Amérique du Sud, mais absolument pas, que je sache, sous la forme que WATERS a appelée *Inversiula inversa* (voir ci-dessus p. 30) dans les mers tertiaires de l'Australie ou de la Nouvelle-Zélande. A l'époque pleistocène cette espèce se présentait sur les côtes de l'île Cockburn actuelle, ainsi donc dans l'Océan Antarctique pleistocène. A l'époque actuelle, l'espèce subsiste à la fois dans l'Océan Antarctique (près du cap Adare) et dans l'Océan Subantarctique (près de la Patagonie et à la Géorgie du Sud). Dans les parages de l'Australie vit une forme si voisine de l'*Inversiula nutrix* JULL., l'*Inversiula inversa* WATERS, que je suis tenté de les réunir sous un nom commun comme représentant la même espèce (p. 30, ci-dessus). A l'aide de ce que nous savons actuellement de la distribution géologique et de l'habitat de cette espèce, nous pouvons donc dire: *I. nutrix* JULL. est une espèce patagonique, miocène ou encore plus ancienne qui, dans l'Océan Antarctique pleistocène a atteint au moins l'Archipel à l'est de la Terre de Graham, et qui, a l'époque moderne, s'est répandue plus loin vers l'est, jusqu'au cap Adare, et même, si *I. inversa* WATERS est identique à *I. nutrix* JULL., jusqu'à l'Australie. Comme l'espèce, ainsi qu'il a été dit, se trouvait en Patagonie antérieurement à l'époque pleistocène, on ne peut pas démontrer qu'elle ait participé à une invasion pleistocène de l'Océan Antarctique jusqu'aux mers de l'Amérique du Sud.

Exochella longirostris JULL. On ne peut suivre l'histoire de cette espèce dans le passé que jusqu'au pleistocène, époque où elle apparaît d'une part à Bahia Blanca, en Argentine et d'autre part à l'île Cockburn. It est donc démontré qu'elle était, antérieurement à l'âge glaciaire antarctique, répandue d'une part sur les côtes de l'Amérique du Sud, d'autre part, dans les régions de l'Antarctica qui géographiquement se rapprochaient le plus de l'Amérique du Sud. Actuellement elle ne vit pas seulement dans la Terre de Magellan, mais aussi dans les îles Chatham. Par contre il semble qu'elle soit éteinte dans l'Océan Antarctique proprement dit. La rencontre de cette *Exochella longirostris* JULL. dans les dépôts antarctiques pleistocènes est un fait intéressant qui donne une explication directe de la circonstance, difficile autrement à expliquer, à savoir que cette espèce n'est actuellement, comme nous l'avons déjà dit, connue que dans des endroits aussi éloignés l'un de l'autre que la Terre de Magellan et les îles Chatham. Pendant l'époque tertiaire récente et pleistocène, cette espèce était répandue entre les terres indiquées plus haut, le long des côtes de l'Antarctica qui, à sa manière, les réunissait. Cette espèce ne semble donc pas, elle non plus, avoir émigré de l'Antarctica à l'Amérique du Sud pendant l'époque pleistocène, ce qui n'empêche d'ailleurs pas, naturellement, que cette invasion ait pu avoir lieu pendant l'époque pliocène. Ce qui rend une invasion pliocène de cette espèce très vraisemblable c'est l'apparition inattendue de l'espèce dans les dépôts argentins pleistocènes, alors qu'on ne la rencontre dans aucun dépôt tertiaire de l'Amérique du Sud.

Cyclicopora longipora MC GILL., *Mucronella praestans* HINCKS. Ces deux espèces ne semblent apparaître que dans la seconde moitié de l'époque tertiaire, dans les régions d'eaux basses de la Nouvelle-Zélande et de l'Australie. On ne les rencontre pas dans le tertiaire de l'Amérique du Sud. A l'époque pleistocène, elles avaient réussi à s'étendre le long des côtes de l'Antarctica tertiaire récente dans la direction de l'ouest, jusqu'à l'île Cockburn actuelle. Mais elles ne semblent pas avoir atteint les côtes de la Terre de Feu et de la Patagonie, et actuellement on ne les rencontre pas non plus dans l'Amérique du Sud. *M. praestans* se trouve aussi en delà de la Terre Alexander I et au N. de l'île de Joinville; du reste elles sont renfermées dans les bornes de leur ancien domaine d'extension, c'est-à-dire les parages de la Nouvelle-Zélande et de l'Australie. Ainsi, ces espèces qui vivaient pendant l'époque pleistocène sur les côtes de l'Antarctica de l'ouest n'ont pas, elles non plus, été chassées par le froid plus vif qui fit son apparition au début de l'époque glaciaire, de l'Antarctica jusqu'à l'Amérique du Sud. Si donc, et il faudrait de nouveaux dragages pour le démontrer, *C. longipora* ne vit pas encore dans l'Océan Antarctique peut-être à de plus grandes profondeurs qu'à l'époque pleistocène plus chaude, le froid de l'âge glaciaire l'a purement et simplement anéantie. Comme nous l'avons déjà dit, ces deux espèces n'ont pas émigré à l'époque pleistocène, du domaine côtier de l'Antarctica au Cap Horn.

Microporella ciliata L. semble être comme *Microporella Malusi* AUD. une espèce assez ancienne qui apparaît à l'époque miocène et qui a déjà à cette époque acquis une extension presque cosmopolite. Mais à en juger d'après les travaux de CANU[1] elle ne semble pas se rencontrer dans les dépôts tertiaires de l'Argentine et de la Patagonie. A l'époque pleistocène, l'espèce se trouvait également sur le domaine côtier de l'Antarctica de l'ouest, à l'île Cockburn, tandis qu'à l'époque récente, elle semble avoir été chassée de cette partie de son domaine d'extension préglaciaire, mais se rencontrer d'ailleurs dans toutes les régions côtières des mers du globe et également dans la Terre de Magellan. Il est possible, quoiqu'il soit assez difficile de l'affirmer avec une certitude complète, que la *Microporella ciliata* L. récente de l'Amérique du Sud ait émigré pendant l'époque pleistocène de l'Antarctique à l'Amérique du Sud, via Cap Horn; mais cette supposition a contre elle le fait que la *M. ciliata* qui vit actuellement dans la Terre de Magellan comme celle des îles Falkland n'est pas une *forma typica* L. mais une *var. personata* BUSK, tandis que la forme pleistocène trouvée dans le Conglomérat à Pecten est exclusivement *M. ciliata typ.* L.

2. Espèces connues jusqu'ici seulement comme récentes.

A cette catégorie appartiennent 5 espèces: *Cribrilina patagonica* WATERS, *Hornera antarctica* WATERS, *Adeonella Watersi* HNG, *Micropora brevissima* WATERS et *Microporella parvipora* WATERS. *Cribrilina patagonica* WATERS vit au Cap Horn, *Adeonella Watersi* HNG à la Géorgie du Sud et à la terre Louis Philippe, *Hornera antarctica* WATERS au Cap Horn, au S. E. de l'île Seymour et à la Terre Alexandre I, *Micropora brevissima* WATERS et *Microporella parvipora* WATERS à la fois au Cap Horn, aux îles Falkland, sur les côtes de la Terre Alexandre I et de l'île de Joinville et également sur les côtes de la Nouvelle-Zélande.

Les 4 espèces citées en dernier lieu sont particulièrement remarquables grâce au fait que ces espèces qui pendant l'époque pleistocène vivaient en qualité de formes côtières dans l'Océan Antarctique sur les côtes de l'île Cockburn, ne sont plus con-

---

[1] Bryoz. du Patagonien, Mém. Soc. Géol. de France, Paléontologie, T. 12, fasc. 3, p. 11. — Iconogr. Bryoz. foss. de l'Argentine, Anales Museo Nac. de Buenos Aires, T. 17, p. 280.

nues, dans les mers antarctiques actuelles (voir plus haut p. 40), comme formes purement côtières mais comme vivant à des profondeurs assez considérables, tandis que, dans les mers subantarctiques actuelles, elles habitent sur les côtes. Ce fait peut s'expliquer par le changement de température produit dans la mer polaire du sud à la suite de la marche en avant de la landise. Pendant l'époque pleistocène, la température était, dans la zone côtière de cet océan, au large de l'île Cockburn, infiniment plus élevée que de nos jours. Une vie animale assez riche se développa sur cette zone côtière comme le démontre la faune du Conglomérat à Pecten. Pendant l'époque glaciaire antarctique cette même zone côtière fut complètement dépouillée de la végétation et de ses animaux (voir plus haut p. 40). Les anciens habitants de la côte furent anéantis ou chassés. A ce moment 3 au moins des espèces côtières pleistocènes de l'île Cockburn, les Bryozoaires cités en dernier lieu, purent s'accommoder à la vie à une profondeur d'environ 500 m. où règne une température assurément peu élevée mais en tous cas constante et un peu inférieure à + 1° C., ou, une espèce, à une profondeur d'environ 100 m. à une température de — 1° C.

Si l'on savait avec une entière certitude qu'on ne pourra trouver en Patagonie et en Argentine aucune autre espèce de Bryozoaires tertiaires ou pleistocènes que celles qui ont été décrites jusqu'ici, on pourrait, à l'aide de la faune de Bryozoaires pleistocènes de l'île Cockburn considérer comme indiscutablement démontré que le 5 espèces citées en dernier lieu, *Micropora brevissima* WATERS, *Cribrilina patagonica* WATERS, *Microporella parvipora* WATERS, *Adeonella Watersi* HNG et *Hornera antarctica* WATERS, n'ont émigré qu'à l'époque pleistocène et ultérieurement dans ces parties de l'Amérique du Sud et qu'elles y sont venues directement des côtes voisines de la Terre de Graham et des îles avoisinantes.

Cette hypothèse, que ces 5 espèces de Bryozoaires sont venues dans l'Amérique du Sud du domaine côtier de l'Antarctica est en outre corroborée par ce fait que l'hypothèse en question expliquerait également pourquoi *Micropora brevissima* WATERS et *Microporella parvipora* WATERS vivent actuellement à des endroits aussi éloignés l'un de l'autre que les côtes de la Terre de Magellan, de la Nouvelle-Zélande, de la Terre de Graham et de la Terre Alexandre I.

Dans son travail extrêmement intéressant: «Les Mollusques fossiles du Tertiaire et du Crétacé supérieur de l'Argentine»,[1] le Dr. VON IHERING parle à plusieurs reprises d'une immigration pliocène ou pleistocène de mollusques antarctiques vers la Terre de Feu et la Patagonie coïncidant avec un déplacement vers le nord des mollusques patagoniens jusqu'à la région de Rio Negro et de Rio de la Plata le long de la côte de l'Océan Atlantique. M. PAUL PELSENEER[2] qui a examiné les mollusques trouvés par l'Expédition Antarctique Belge dans la Mer de glace du Sud ne semble

---

[1] Anales del Museo Nacional de Buenos Aires, Sér. 3, T. 7, p. 512, 537, 540 etc. et pass.
[2] Result. du voyage du S. Y. Belgica An. 1897—1899, Zoologie, Mollusques, p. 68.

pas tout à fait convaincu de la réalité d'une pareille migration antarctique. La question ne peut naturellement pas être résolue à l'aide de vaines spéculations; sa solution exige une base de faits, une connaissance réelle, fondée sur les faits, de cette faune antarctique conjecturale qui aurait participé à cette migration supposée vers l'Amérique du Sud. Dans la collection extraordinairement intéressante et vraiment unique rassemblée par l'Expédition Antarctique Suédoise de dépôts pleistocènes dans l'île Cockburn, et qui contient une faune littorale très riche, nous avons des matériaux de l'étude approfondie desquels on peut espérer tirer des constatations importantes pour la solution de la question de la migration.

Notre connaissance actuelle de la distribution géologique et de l'habitat des Bryozoaires dans le Conglomérat à Pecten de l'île Cockburn, nous perment d'énoncer les propositions suivantes concernant une immigration pleistocène antarctique hypothétique vers l'Amérique du Sud:

3 espèces: *Cellaria rigida* MC GILL., *Cyclicopora longipora* MC GILL. et *Mucronella praestans* HINCKS n'ont participé à aucune immigration antarctique vers l'Amérique du Sud;

2 espèces: *Microporella Malusi* AUD. et *Inversiula nutrix* JULL. ne prouvent rien ni en faveur ni à l'encontre de l'hypothèse d'une telle immigration;

2 espèces: *Exochella longirostris* JULL. et *Microporella ciliata* L. ont peut-être émigré pendant l'époque pleistocène de l'Antarctica à l'Amérique du Sud;

5 espèces: *Micropora brevissima* WATERS, *Cribrilina patagonica* WATERS, *Microporella parvipora* WATERS, *Adeonella Watersi* HNG et *Hornera Antarctica* WATERS sont d'une part descendues à une profondeur de 100—500 m. dans l'Océan Antarctique proprement dit, ont d'autre part émigré sur la zone côtière des régions les plus méridionales de l'Amerique du Sud, des îles Falkland ou de la Géorgie du Sud.

D'après le schéma ci-dessus, 5 espèces ont donc participé et 3 espèces par contre n'ont pas participé aux migrations étudiées ici: la faune littorale antarctique pleistocène semble donc avoir subi une sélection au moment de l'abaissement de température qui provoqua et accompagna l'époque glaciaire et consécutivement à cet abaissement de température.

Dans ce qui précède j'ai surtout examiné la possibilité d'une migration pleistocène de l'Antarctica à l'Amérique du Sud en pensant naturellement aux rapports géographiques étroits qui existent entre la Terre de Graham et l'Amérique du Sud, mais en pensant aussi à la phrase suivante de M. PAUL PELSENEER:[1] «C'est donc principalement entre la Sud-Amérique et l'Antarctique qu'il y a lieu de rechercher encore des affinités fauniques littorales.» Il ressort cependant du tableau de l'extension ancienne et actuelle des Bryozoaires trouvés dans le Conglomérat à Pecten de

---

[1] Op. cit., p. 67.

l'île Cockburn que cette faune de Bryozaires est au moins en relations aussi étroites avec la faune bryozoaire de l'Australie et de la Nouvelle-Zélande qu'avec celle de la Terre de Magellan.

Les données que nous possédons actuellement sur les Bryozoaires tertiaires et récents de l'Australie, de la Nouvelle-Zélande et des îles Chatham et dont nous devons la connaissance principalement aux travaux de MC GILLIVRAY, WATERS, HINCKS et MAPLESTONE nous apprennent que sur les 12 espèces de Bryozoaires pleistocènes du Conglomérat à Pecten, 5 apparaissent déjà dans les dépôts tertiaires de ces pays tandis que 8 (resp. 9) vivent actuellement sur leurs côtes. Il en résulte donc que 3 (resp. 4) des espèces communes à l'Australie, à la Nouvelle-Zélande, aux îles Chatham et au Conglomérat à Pecten, qui vivent actuellement sur les côtes de ces pays, n'ont émigré sur ces côtes qu'après l'époque tertiaire. Comme en outre il est démontré que ces espèces vivaient déjà dans le pleistocène antarctique, on est fortement tenté de supposer qu'elles ont émigré en Nouvelle-Zélande—Australie de l'Antarctica au début de l'âge glaciaire antarctique.

Les espèces qui auraient pris part aux dites migrations sont *Exochella longirostris* JULL., *Micropora brevissima* WATERS, *Microporella parvipora* WATERS et dans l'hypothèse où *Inversiula inversa* WATERS est identique à *I. nutrix* JULL., également cette dernière espèce. Une de ces espèces, *Inversiula nutrix* JULL., a été trouvée non seulement dans l'Antarctique de l'ouest, mais encore à l'est jusqu'au cap Adare. On ne sait rien de précis sur l'extension dans l'Antarctique des autres, même si d'une manière générale on accepte la formule de PELSENEER: «Dans l'Antarctique la circumpolarité de la faune marine littorale bien que non encore définitivement démontrée, est infiniment vraisemblable.»[1] D'après cette conception les espèces littorales pleistocènes trouvées à l'île Cockburn se seraient rencontrées sur les côtes, tout autour de la calotte polaire pleistocène. Et de même qu'au début de l'âge glaciaire, certaines espèces furent chassées de l'Antarctique de l'ouest jusqu'à l'Amérique du Sud, de même d'autres espèces furent chassées de l'Antarctique de l'est jusqu'à la Nouvelle-Zélande.

Il semble cependant qu'il y ait eu également pour les espèces de l'Antarctique de l'est une certaine sélection: on n'a pas trouvé dans le tertiaire de la Nouvelle-Zélande—Australie *Cribrilina patagonica* WATERS, *Hornera antarctica* WATERS ni aucune espèce avec laquelle on ait pu identifier *Adeonella Watersi* HNG; ces mêmes espèces ne se rencontrent pas non plus dans la zone côtière récente de ces pays. Il est impossible jusqu'à nouvel ordre de déterminer si la raison en est que, pendant l'époque pleistocène, elles étaient seulement antarctiques occidentales et non circumpolaires ou si cela vient de ce que, pour une cause ou pour une autre, elles n'ont pas pu émigrer de l'Antarctica de l'est à la Nouvelle-Zélande—Australie.

---

[1] Op. cit., pag. 58.

c. Brachiopodes.

Des 3 espèces de Brachiopodes du Conglomérat à Pecten, 2 n'ont jusqu'ici, d'après les déterminations de BUCKMAN, été rencontrées que dans le dépôt en question. La troisième espèce, *Magellania fontainei* D'ORB.[1] a été trouvée dans des dépôts tertiaires à Coquimbo, au Chili, mais non dans le tertiaire de la Patagonie ni de la Nouvelle-Zélande. Actuellement elle vit à la fois sur les côtes du Chili et de la Terre de Magellan. Elle proviendrait donc du tertiaire chilien d'où elle se serait répandue, à l'époque tertiaire récente jusqu'à la région Magellanienne et Antarctique occidentale. Toutefois on ne pourra résoudre définitivement cette question que lorsque la question de synonymie examinée plus haut (p. 39) aura reçu sa solution définitive. Les tentatives faites pour rendre compte des migrations de cette espèce sont d'autant plus difficiles que BUCKMAN[2] lui-même semble avoir hésité sur la question de savoir si le seul exemplaire du Conglomérat à Pecten de l'île Cockburn, incomplet comme il l'est, devait être rattaché à *Magellania fontainei* D'ORB. de l'Amérique du Sud ou à *M. lenticularis* DESH.

d. Foraminifères.

La faune de Foraminifères (voir page 39), composée principalement d'espèces cosmopolites, lesquelles se présentent en règle générale longtemps avant la période pleistocène, ne peut pas servir à l'étude des migrations des organismes trouvés dans le Conglomérat à Pecten de l'époque quaternaire.

C'est une ancienne observation, mentionnée entre autres par H. B. BRADY[3] et J. D. SIDDAL,[4] que, dans nombre de cas, la grandeur et la structure de la coquille d'un foraminifère, sont influencées par les altérations de la salinité de l'eau de la mer où vivent les organismes; dans d'autres cas au contraire, comme chez les *Lagenidae*, on ne constate pas de différence entre les spécimens qui vivent en pleine mer et ceux qu'on trouve dans les estuaires; mais il est juste de remarquer que généralement ces formes n'entrent pas dans les golfes où le mélange d'eau douce est trop considérable.

Selon M. RICHARD HOLLAND,[5] les foraminifères, trouvés dans le Conglomérat à Pecten de l'île Cockburn, présentent ordinairement une taille plus petite que la

---

[1] v. JHERING, Les Mollusques foss. du Tertiaire et du Crétacé sup., Anales Mus. Nac. Buenos Aires, Sér. 3, t. 7, p. 472.

[2] Antarct. foss. Brachiopoda, Wissensch. Ergebn. Schwed. Südpolar-Exped., III: 7, p. 23.

[3] G. S. BRADY et D. ROBERTSON, The Ostracoda and Foraminifera of tidal Rivers. — With an Analysis and Description of the Foraminifera by H. B. BRADY, Ann. Mag. Nat. Hist., Ser. 4, Vol. 6, page 273.

[4] On the Foraminifera on the River Dee, ibid., Ser. 4, Vol. 17, page 37.

[5] The fossil Foraminifera, Wissensch. Ergebn. d. Schwed. Südpolar-Exped. 1901—03 unter Leitung v. Dr OTTO NORDENSKJÖLD, Vol. III, Livr. 9, p. 4.

taille normale, d'où M. HOLLAND conclut que l'eau dans laquelle vivait cette faune était pauvre et peu salée. Des 11 espèces trouvées dans le Conglomérat à Pecten 6 au moins se retrouvent dans les estuaires des côtes de l'Angleterre, c'est-à-dire dans une eau salée plus ou moins mêlée d'eau fluviale.

Ces espèces sont:

> *Biloculina ringens* LAM.
> » *elongata* D'ORB.
> *Lagena globosa* MONTAGU.
> *Truncatulina refulgens* MONTF.
> » *lobatula* WALK.
> *Rotalia Beccarii* L.

En outre, si on étend dans une mesure tout à fait insignifiante les diagnoses de l'espèce, on peut ajouter encore aux espèces déjà mentionnées:

> *Cristellaria gibba* D'ORB. et
> *Polymorphina gutta* D'ORB.

Sans compter l'espèce pliocène *Miliolina grata* TERQU., deux espèces seulement, *Cassidulina crassa* D'ORB. et *Truncatulina ungeriana* D'ORB., ne sont pas connues dans les estuaires de l'Angleterre. De ces espèces il n'y a que la *Cassidulina crassa* D'ORB. qui appartient au groupe des genres de foraminifères que H. B. BRADY[1] juge «not proper to brackish water», tandis que les autres appartiennent aux genres qui peuvent vivre dans l'eau de mer plus ou moins mélangée d'eau douce. Néanmoins la *Cassidulina crassa* D'ORB. est, sans comparaison, le foraminifère le plus commun dans le Conglomérat à Pecten; à cette espèce appartiennent les 5/6 du nombre total des spécimens recueillis. D'autre part comme la *Cassidulina* a une aversion prononcée pour tout mélange d'eau douce, cela me paraît contredire la supposition que le Conglomérat à Pecten aurait été déposé dans un estuaire à eau saumâtre. Cela n'empêche naturellement pas que, pendant le dépôt du Conglomérat, la salinité de l'eau de la mer ait pu être tout à fait accidentellement diminuée par une quantité d'eau douce. On pourrait peut-être penser ici à un iceberg en fusion provoquant cette diminution de la salinité de l'eau de la mer pleistocène près de l'île Cockburn.

C. Distribution générale.

Une question qui se pose d'elle-même quand on étudie une faune comme celle que nous avons examinée, c'est la question de la bipolarité des espèces qui appartiennent à cette faune, ou, comme je voudrais la formuler: quelques-unes des espèces décrites ici et provenant de l'Océan glacial du Sud, se trouvent-elles également dans

---

[1] Op. cit., page 274.

l'Océan glacial du Nord sans se rencontrer dans les mers intermédiaires? Pour l'établissement de la théorie de la bipolarité, j'estime en effet que l'on doit exiger une identité d'espèces entre la faune de ces deux Océans, qu'on ne doit par conséquent pas se contenter de parler d'une certaine ressemblance dans les caractères généraux des faunes ni non plus présenter certaines espèces d'un des deux Océans comme des équivalents ou des remplaçants de certaines espèces de l'autre.

Parmi les espèces du Conglomérat à Pecten décrites plus haut, il ne s'en trouve aucune qui remplisse la condition formulée plus haut pour être une espèce bipolaire. *Microporella Malusi* Aud. et *Microporella ciliata* L. ont à la vérité été trouvées également dans l'Océan glacial du Nord, mais on les trouve aussi dans les régions intermédiaires des mers du globe, particulièrement dans l'Atlantique et aussi, quoique beaucoup plus rarement, dans l'Océan Pacifique. Ce sont donc des espèces cosmopolites et non des formes spécifiques bipolaires. Une des raisons de leur extension mondiale est sans doute leur âge géologique très élevé. On les a trouvées dans des dépôts miocènes et elles avaient déjà à cette époque atteint une extension très considérable. Parmi les autres espèces, aucune ne dépasse les limites de l'Océan Antarctique ou Subantarctique. A cela vient s'ajouter que nous avons dans plusieurs cas affaire non seulement à des espèces, mais encore à des genres, comme *Exochella* et *Cyclicopora*, qui sont certainement spéciales à l'Océan glacial du Sud.

En conséquence, je n'hésite pas à affirmer que la faune du Conglomérat à Pecten de l'île Cockburn n'apporte aucun appoint à la théorie de la bipolarité.

Liste Bibliographique.

AMEGHINO, F., Les formations sédiment. du crétacé supérieur et du tertiaire de Patagonie, Anales del Museo Nacion. de Buenos Aires, Ser. 3, T. 8, Buenos Aires 1906.

ANDERSSON, J. GUNNAR, On the geology of Graham Land, Bullet. Geol. Instit. of Upsala, Vol. 7, Upsala 1906.

——, Remarks on the age of the Brachiopod yielding Beds of Cockburn Island, Wissensch. Ergebn. Schwed. Südpolar-Exped., T. III: 7, Stockholm 1910.

ARCTOWSKI, H., et MILL, H. R., Expéd. antarct. Belge, Résult. du voyage du S. Y. Belgica en 1897—99, Rapports Scientif., Océanographie, Relations thermiques, Anvers 1908.

ARCTOWSKI, H., Les Glaciers actuels et vestiges de leur ancienne extension, Résult. du Voyage du S. Y. Belgica en 1897—99, Rapports Scientifiques, Géologie, Anvers 1908.

BAVAY, A., Note au sujet de *Pecten* de la Républ. Argentine, Journ. de Conchyliologie, Vol. 54, Paris 1906.

BORCHERT, A., Die Molluskenfauna u. das Alter der Paraná-Stufe, Neues Jahrb. f. Mineralogie etc., Beilageb. 14, Stuttgart 1901.

BRADY, H. B., Descript. of the Foraminifera, G. S. BRADY and D. ROBERTSON, The Ostracoda a. Foraminifera of tidal Rivers, Annals a. Mag. Natural History, Ser. 4, Vol. 6, London 1870.

BRAZIER, JOHN, List of marine Schells collect. in Fitzroy Island, North Coast of Australia, Journ. of Conchology, Vol. 2.

BUCHANAN, J. Y., On the distribution of Temperature in the Antarctic Ocean, Nature, Vol. 35, London et New York 1887.

BUCKMAN, S. S., Antarct. foss. Brachiopoda collect. by the Swedish South Polar Expedition 1901—03, Wissensch. Ergebn. Schwed. Südpolar-Exped., T. III: 7, Stockholm 1910.

BUSK, G., Catalogue of marine Polyzoa, London 1852—75.

——, A Monograph of the foss. Polyzoa of the Crag, Palæontographical Society, London 1859.

——, Polyzoa of Kerguelen Island, Philos. Transact. Royal Soc. of London, Vol. 168, London 1879.

——, Report on the scientif. Results of Challenger, Zoology, Polyzoa, Vol. 10 (1884), Vol. 17 (1886).

CALVET, L., Hamburger Magalhaensische Sammelreise, Bryozoen, Hamburg 1904.

——, Bryozoaires, Expéd. Antarct. Française (1903—05) comm. par le Dr J. CHARCOT, Paris 1910.

CANU, F., Les bryozoaires du Patagonien, Mém. Soc. Géol. de France, Paléontologie, T. 12, Fasc. 3, Paris 1904.

——, Iconogr. d. Bryozoaires foss. de l'Argentine, Anales d. Museo Nacional de Buenos Aires, T. 17 (Ser. 3 a, T. 10), Buenos Aires 1908.

CHARCOT, J., Expédition antarctique Française 1903—1905, Scienc. natur., Mollusques, Paris 1906.

DALL, W. H., Contrib. to the tertiary Fauna of Florida, Transact. Wagner Free Institute of Science of Philadelphia, Vol. 3, Part. 4, Philadelphia 1898.

DANA, JAMES D., Manual of Geology, II Edit., New York 1875.

DARWIN, CHARLES, Geological Observations on South America, London 1846.

D'ORBIGNY, A., Voyage dans l'Amérique Méridionale, Tome 4, Paléontologie, Tome 5, Mollusques Zoophytes, Paris 1842.

DUSÉN, P., Ueber die tert. Flora der Seymour-Insel, Wissensch. Ergebn. d. Schwed. Südpolar-Exped. 1901—1903 unter Leitung von Dr Otto Nordenskjöld, Bd. III: 3, Stockholm 1908.

GAUDRY, A., Fossiles de Patagonie, Ann. de Paléontologie, Fasc. 3, Paris 1906.

HARRIS, F. G., The austral. tertiary Mollusca, Catalogue of tert. Moll. in the Departm. of Geology, British Museum, Part. 1, London 1897.

HATCHER, J. B., The Cape Fairweather beds, Americ. Journ. of Science, Vol. 4, Newhaven 1897.

——, On the Geology of Southern Patagonia, ibid., Vol. 4, Newhaven 1897.

——, Die Conchylien d. patagonisch. Formation von H. v. IHERING, ibid., Vol. 9, Newhaven 1900.

——, Sedimentary Rocks of Southern Patagonia, ibid., Vol. 9, Newhaven 1900.

HAUTHAL, R., Ueber patagonisches Tertiär, Zeitschr. d. deutsch. geolog. Gesellsch., 1898.

HEDLEY, C., Surviving Refugees in Austral Land of ancient antarctic Life, Annals a. Magaz. Nat. Hist., Ser. 6, Vol. 17, London 1895.

——, A zoogeographic scheme for the Mid-Pacific, Proceed. Linnean Soc. New S. Wales, Ser. 2, Vol. 14, Sydney 1899.

——, Studies on austral. Mollusca, ibid., Sydney 1900—02.

HENNIG, ANDERS, Bryozoer från Westgrönland, samlade af Dr OHLIN under «the Peary-auxiliary Expedition» år 1894, Öfvers. K. Svenska Vet. Akad. Handl., Stockholm 1896.

——, Basalttuff von Lillö, Centralbl. für Mineralogie etc., 1902.

——, Gotlands Silurbryozoer, Arkiv för Zoologi, K. Svenska Vet. Akad., Bd. 2—4, Stockholm 1905—97.

HINCKS, TH., History of the British marine Polyzoa, London 1880.

——, Polyzoa from Greenland a. Labrador, Annals a. Mag. Natur. Hist., Ser. 4, Vol. 19, London.

——, On a collection of Polyzoa from Bass Straits, Proceed. Liter. a. Philos. Soc. of Liverpool, Vol. 35, Liverpool 1881.

——, Contrib. towards a general History of the marine Polyzoa, Annals a. Mag. Natur. Hist., Ser. 5, Vol. 6—15, London 1880—1885.

HOEK, P. P. C., Résult. du Voyage du S. Y. Belgica en 1897—99, Rapports scientif., Zoologie, Cirripedia, Anvers 1907.

HOLLAND, R., The fossil Foraminifera, Wissensch. Ergebn. d. Schwed. Südpolar-Expedition 1901—03, Vol. III, Livr. 9, Stockholm 1910.

HUTTON, F. W., Manual of the New Zealand Mollusca, Colonial Mus. a. Geol. Survey Department, Wellington 1880.

——, The Mollusca of the Pareora and Oamaru Systems of New Zealand, Proc. Linnean Soc. of N. S. Wales, Ser. 2, Vol. 1, Sidney 1886.

——, New Species of tertiary Shells. The Wanganui System. Transact. a. Proceed. New Zealand Institute, Vol. 18, Wellington 1886.

——, The plioc. Mollusca of New-Zealand, Macleay Memorial Volume, Part 2, Linnean Soc. of New South Wales, Sydney 1893.

——, The geolog. History of New Zealand, Transact. a. Proceed. New Zealand Institute, Vol. 32, Wellington 1899.

——, Three new tertiary Shells, ibid., Wellington 1904.

IHERING, H. VON, Os mollusc. d. terrenos terciarios da Patagonia, Revista do Museu Paulista, Vol. 2, São Paulo 1897.

——, On the molluscan fauna of the Patagonian Tertiary, Proceed. American Philos. Soc., Vol. 41, N:o 169, Philadelphia 1902.

——, Les Brachiopod. tert. de la Patagonie, Anales Museo Nacion. Buenos Aires, T. 9, Buenos Aires 1903.

——, Les Mollusques foss. du tertiaire et du crétacé supérieur de l'Argentine, ibid., Ser. 3, T. 7, Buenos Aires 1907.

JELLY, E. C., A synonymic Catalogue of the recent marine Bryozoa, London 1889.

JOUBIN, L., Résult. du Voyage du S. Y. Belgica en 1897—99, Rapports scientif., Zoologie, Brachiopodes, Anvers 1902.

JULLIEN, J., Mission scientif. du Cap Horn, Tome 6, Zoologie, Part. 3, Bryozoaires, Paris 1891.

KIRKPATRICK, R., Polyzoa from Port Phillip, Victoria, Ann. Mag. Nat. Hist., Ser. 6, T. 2, London.

——, Polyzoa, Report of the Collections of natur. history of the «Southern Cross», London 1902.

LEVINSEN, M. G. R., Bryozoer fra Karahavet, Dijmphna Togtets Zoolog.-Botan. Udbytte, Kjöbenhavn 1886.

——, Polyzoa, Det vidensk. Udbytte av Kanonbaaden Hauch's Togter 1883—1886, Kjöbenhavn 1891.

——, Mosdyr, Zoologia Danica, Bd. 4: 1, Kjöbenhavn 1894.

MAC GILLIVRAY, P. H., Monograph of the tertiary Polyzoa of Victoria, Transact. Roy. Soc. of Victoria, Vol. 4, Melbourne 1895.

——, Description of New or little known Polyzoa, ibid., Melbourne 1881—1890.

MANZONI, A., Bryozoi fossili Italiani, Sitzungsber. K. Akad. d. Wissensch., Math.-Naturw. Cl., Vol. 59—61, Wien 1869—70.

——, Bryozoi pliocenici Italiani, ibid., Math.-Naturw. Cl., Vol. 59, Wien 1869.

MAPLESTONE, C. M., Descript. of tertiary Polyzoa of Victoria, Proc. Roy. Soc. Victoria, Vol. 11—16, Melbourne 1898—1903.

MARTENS, V., Critic. List of the Mollusca of New Zealand, Wellington 1873.

MOERICKE, W., et STEINMANN, G., Die Tertiärabl. d. nördl. Chile u. ihre Fauna, Neues
     Jahrb. f. Mineralogie etc., Beilagebd 10, Stuttgart 1895—96.
MORGAN, P., The geology of the Mihonui Subdivision in North Westland, Geol. Surv. of
     New Zealand, Bull. N:o 6, New Series, 1908.
MÜLLER, G. W., Die Ostracoden d. Golfes von Neapel, Fauna u. Flora d. Golfes v. Neapel,
     Zool. Station zu Neapel, Vol. 21.
——, Expéd. Antarct. Belge, Résult. du Voyage du S. Y. Belgica en 1897—99, Rapport.
     Scientif., Zoologie, Ostracoden, Anvers 1906.
MURRAY, J., On the Temperature of the Floor of the Ocean and of the surface Waters of
     the Ocean, Geographical Journal, London 1899.
NEVIANI, A., Briozoi foss. della Farnesina e monte Mario presso Roma, Palæontographia
     Italica, Vol. 1, Pisa 1895.
——, Briozoi neogenici della Calabria, ibid., Vol. 6, Pisa 1901.
NORDENSKJÖLD, OTTO; ANDERSSON, GUNNAR; LARSSON, C. A.; et SKOTTSBERG, C., Ant-
     arctic, Två år bland sydpolens isar, Stockholm 1903.
NORDENSKJÖLD, OTTO, Note sur la glaciation antarctique, La Géographie, 1904.
——, Petrogr. Untersuch. aus d. West-Antarkt. Gebiete, Bull. Geol. Inst. of Upsala, Vol. 6,
     Part. 2, Upsala 1904.
——, Über die Natur d. westantarkt. Eisregionen, Zeitschr. d. Gesellsch. f. Erdkunde zu
     Berlin, 1908.
——, Eisformen u. Vergletscherung d. antarktischen Gebete, Zeitschr. f. Gletscherkunde,
     Vol. 3, Berlin 1909.
NORDGAARD, O., Den norske Nordhavs-Exped. 1876—78, Zoologie, Polyzoa, Christiania
     1900.
NORMAN, A. M., The Polyzoa of Madeira and neighbour. Islands, Journ. Linn. Soc., Zoo-
     logy, Vol. 30, London 1909.
ORTMANN, A. E., Reports of the Princeton Univers. Expeditions to Patagonia 1896—99.
     Vol. 4, Palæontology, Part. 2, Tertiary Invertebrates, Stuttgart 1902.
PARK, JAMES, On the marine Tertiaries of Otago and Canterbury etc., Transact. New Zea-
     land Institute, Vol. 37, Wellington 1904.
PELSENEER, P., Résult. du Voyage du S. Y. Belgica en 1897—99, Rapports scientif., Zoo-
     logie, Mollusques, Anvers 1903.
PERGENS, E., Plioc. Bryozoen von Rhodos, Annalen d. K. K. Naturhistor. Hofmuseums,
     Bd. 2, Wien 1887.
PETTERSSON, OTTO, On the Properties of Water and Ice, Vega-Expeditionens vetenskapl.
     Iakttagelser, Bd. 2, Stockholm 1883.
PHILIPPI, R. A., Die tertiären und quartären Versteinerungen Chiles, Leipzig 1887.
PILSBRY, H. A., Patagon. tertiary Fossils, Proceed. of the Academy of Natural Sciences of
     Philadelphia, 1897, Philadelphia, 1898.
PRIOR, G. F., Petrogr. Notes on the Rock-Specimens collect. in Antarctic Reg. during the
     Voyage of H. M. S. Erebus a. Terror under Sir JAMES CLARK ROSS, in 1839—43,
     Miner. Mag., Vol. 12, London 1899.
PRITCHARD, G. B., et GATLIFF, Catalogue of the marine Shells of Victoria, Proceed. Roy.
     Soc. of Victoria, 1897 et 1898.
REEVE, L. A., Conchologia iconica, Vol. 8, London 1855.

ROCHEBRUNE, A. T., et MABILLE, J., Mission scientif. du Cap Horn 1882—83, Tome 6, Zoologie, Part. 2, Mollusques, Paris 1889.

ROTH, S., Beitrag zur Gliederung d. Sedimentablagerungen in Patagonien u. d. Pampasregion, Neues Jahrb. für Mineralogie etc., Beilageb. 26, Stuttgart 1908.

SCHOTT, G., Oceanographie u. maritime Meteorologie, Wissensch. Ergebn. d. deutsch. Tiefsee-Exped. auf Valdivia 1898—99, Bd 1, Jena 1902.

SIDDAL, J. D., On the Foraminifera of the River Dee, Annals a. Mag. Natur. History, Ser. 4, Vol. 17, London 1881.

SMITT, F. A., Krit. Förteckn. Skandinaviens Hafsbryozoer, Öfversikt K. Svenska Vet.-Akad. Förhandl., Stockholm 1865—71.

——, Floridan Bryozoa collect. by Count L. F. DE POURTALES, Part. 1, K. Svenska Vet.-Akad. Handl., Bd. 10, Stockholm 1872—73.

SOWERBY, G. B., Descript. tertiary fossil Shells from South America: DARWIN, Geol. Observ. S. America, London 1846.

STOLICZKA, F., Foss. Bryozoen aus d. tert. Grünsandst. d. Orakei-Bay bei Auckland, «Novara»-Exped., Geologischer Theil, Bd 1, Abth. 2, Paläontologie, Wien 1864.

SUTER, H., List of the Species describ. in F. W. HUTTON's Manuel of the New Zealand Mollusca, Transact. New Zealand Institute, Ser. 2, Vol. 17, Wellington 1901.

TATE, R., Lamellibranches of the older Tertiary of Australia, Transact. Roy. Soc. New. S. Wales, Vol. 8 et 9, 1886 et 1887.

——, et MAY, W. L., A revised Census of the marine Mollusca of Tasmania, Proceed. Linnean Soc. of New S. Wales, Vol. 26, Part. 3, Sydney 1901.

TENISON-WOODS, J. E., Tertiary Deposits of Australia, Journ. and Proceed. Roy. Soc. of New S. Wales, 1877, Vol. 11, Sydney 1878.

——, Corals a. Bryozoa of the Neozoic Period in New Zealand (Geol. Survey Publication), Wellington 1880.

WALTHER, J., Ueber die Lebensweise fossiler Meeresthiere, Zeitschr. deutsch. geol. Gesellsch., Bd. 49, Berlin 1897.

WATERS, A. W., Foss. chilostomatous Bryozoa from South West Victoria, Australia, Qvart. Journ. Geol. Soc., Vol. 37, London 1881.

——, Fossil chilostomatous Bryozoa from Mount Gambier, South Australia; et Chilostomatous Bryozoa from Bairnsdale (Gippsland), ibid., Vol. 38, London 1882.

——, Fossil chilostomatous Bryozoa from Muddy Creek, Victoria, ibid., Vol. 39, London 1883.

——, Fossil cyclostomatous Bryozoa from Australia, ibid., Vol. 40, London 1884.

——, Chilostomatous Bryozoa from Aldinga and River Murray Cliff, South Australia, ibid., Vol. 41, London 1885.

——, On tertiary chilostomatous Bryozoa from New Zealand et On tertiary cyclostomatous Bryozoa from New Zealand, ibid., Vol. 43, London 1887.

——, Bryozoa from New South Wales, North Australia etc., Part. I—III, Annals a. Mag. Natur. History, Ser. 5, Vol. 20, London 1887; Part. IV, ibid., Ser. 6, Vol. 4, London 1889.

——, Bryozoa from Franz Josef Land, collect. by the Jackson-Harmsworth Expedit., 1896—97, Journ. Linn. Soc., Zoology, Vol. 28, 29, London 1900—1901.

WATERS, A. W., Expéd. Antarct. Belge, Résult. du Voyage du S. Y. Belgica en 1897—99,
    Rapports scientif., Zoologie, Bryozoa, Anvers 1904.
——, Bryozoa from near Cap Horn, Journ. Linnean Soc., Vol. 29, London 1905.
——, Bryozoa from Chatham Island and d'Urville Island, Annals Magaz. Nat. History,
    Ser. 7, Vol. 17, London 1906.
WILCKENS, O., Die Meeresablagerungen d. Kreide- u. Tertiärformation in Patagonien, Neues
    Jahrb. f. Mineralogie etc., Beilageb. 21, Stuttgart 1901.
——, Zur Geologie der Südpolarländer, Centralblatt f. Mineralogie etc., 1906, Stuttgart
    1906.
——, Die Anneliden, Bivalven und Gastropoden der antarktischen Kreideformation,
    Wissensch. Ergebn. d. Schwed. Südpolar-Exp., T. III: 12, Stockholm 1910.
WOOD, S. F., A Monograph of the Crag Mollusca of England, Vol. 2, Bivalves, Palæontogr.
    Society, London 1856.
ZITTEL, A. v., Fossile Mollusken u. Echinodermen aus New Seeland, «Novara»-Exped.,
    Geolog. Theil, Bd 1, Abth. 2, Wien 1864.

Index alfabétique

des espèces et des genres cités dans cet ouvragre. [1]

[1] Les dénominations synonymiques citées sont imprimées en *italique*.

Explication des planches. [1]

Planche 1.

Fig. 1. *Myochlamys Anderssoni* Hng. Valve droite. $^1/_1$. Page 11.
»   2.   »   »   »   » $^2/_1$. Page 11.
»   3.   »   »   »   » $^1/_1$. Page 13.
»   4.   »   »   »   » $^1/_1$. De la face externe. Page 13.
»   5.   »   »   »   » $^1/_1$. De la face interne. Page 13.

Planche 2.

Fig. 1. *Myochlamys Anderssoni* Hng. Valve droite. $^1/_1$. Page 14.
»   2.   »   »   gauche. $^1/_1$. Page 14.
»   3, 4, 5, 6 et 7. *Balanus sp.* $^1/_1$. Page 10.

Planche 3

Fig. 1. *Cellaria rigida* Mc Gill. $^{34}/_1$. Page 19.
»   2.   »   »   »   Opésie. $^{85}/_1$. Page 19.
»   3.   »   »   »   Apertura primaire. $^{85}/_1$. Page 19.
»   4.   »   »   »   Coupe verticale. $^{64}/_1$. Page 20.
»   5. *Micropora coriacea* Esp., *f. brevissima* Waters avec de larges zoécies, de larges et
     très basses opésies et sans renflements tubéreux du bord de l'opésie. $^{37}/_1$. Page 21.
»   6 et 7. *Micropora coriacea* Esp., *f. brevissima* Waters; zoécies à aviculaires ou à
     oécies, avec des opésies plus élevées et des renflements tubéreux sur le bord.
     $^{37}/_1$. Page 21.
»   8. *Microporella parvipora* Waters. Partie de la paroi frontale. $^{180}/_1$. Page 24.
»   9. *Cribrilina patagonica* Waters. Zoécie à oécie. $^{37}/_1$. Page 23.
» 10.   »   »   »   Zoécies à aviculaires. $^{37}/_1$. Page 23.

---

[1] Toutes les figures, excepté pl. 4, fig. 7, se rapportent aux spécimens du Conglomérat à Pecten de l'île Cockburn.

Fig. 11. *Microporella ciliata* L. Zoécie à oécie. 37/1. Page 27.
 » 12.   »   » L. 37/1. Page 27.
 » 13. *Micropora coriacea* Esp., *f. brevissima* WATERS. Partie de la paroi frontale. 125/1.
           Page 21.
 » 14. *Microporella parvipora* WATERS. 37/1. Page 23.

Planche 4.

Fig. 1. *Microporella Malusi* AUD. 37/1. Page 25.
 » 2, 3.   »   »   »   Pores étoilés à 4 costules. 180/1. Page 26.
 » 4. *Inversiula nutrix* JULL. Partie de la paroi frontale. 125/1. Page 29.
 » 5.   »   »   »   37/1. Page 22.
 » 6. *Mucronella præstans* HINCKS. 38/1. Page 34.
 » 7. *Inversiula inversa* WATERS. 37/1. Page 30. (Australie.)
 » 8. *Cyclicopora longipora* MC GILL. 20/1. Page 30.
 » 9. *Mucronella præstans* HINCKS. 38/1. Zoécies à oécies. Page 34.
 » 10. *Cyclicopora longipora* MC GILL. Coupe tangentielle. De la face interne de la
           paroi frontale. 48/1. Page 31.
 » 11.   »   »   r   Coupe tangentielle. De la face externe de la
           paroi frontale. 48/1. Page 31.

Planche 5.

Fig. 1. *Exochella longirostris* JULL. Zoécies à l'apertura secondaire. 42/1. Page 33.
 » 2. *Adeonella Watersi* HNG. Surface du zoarium. 20/1. Page 35.
 » 3, 4, 5. »   »   »   Coupe tangentielle. 43/1. Page 36.
 » 6.   »   »   »   Coupe verticale à angle droit par rapport à la lamelle
           médiane. 23/1. Page 36.
 » 7. *Exochella longirostris* JULL. Zoécie à l'apertura primaire. 42/1. Page 32.
 » 8. *Hornera antarctica* WATERS. Côté oral   du zoarium. 20/1. Page 37.
 » 9.   »   »   »   » dorsal »   »   »   »   »
 » 10.   »   »   »   Coupe transversale. 25/1. Page 37.
 » 11.   »   »   »   » en longeur dans le plan sagittal. 25/1. Page 37.

TABLE DES MATIÈRES.

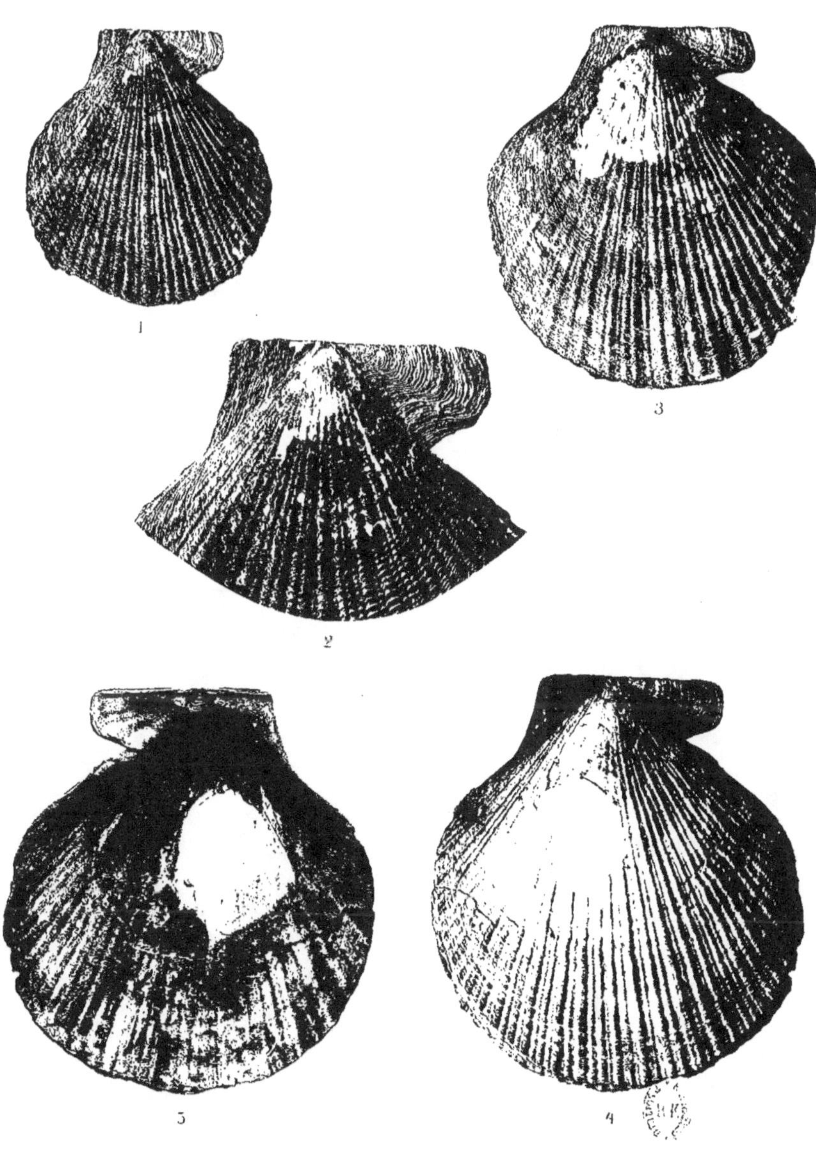

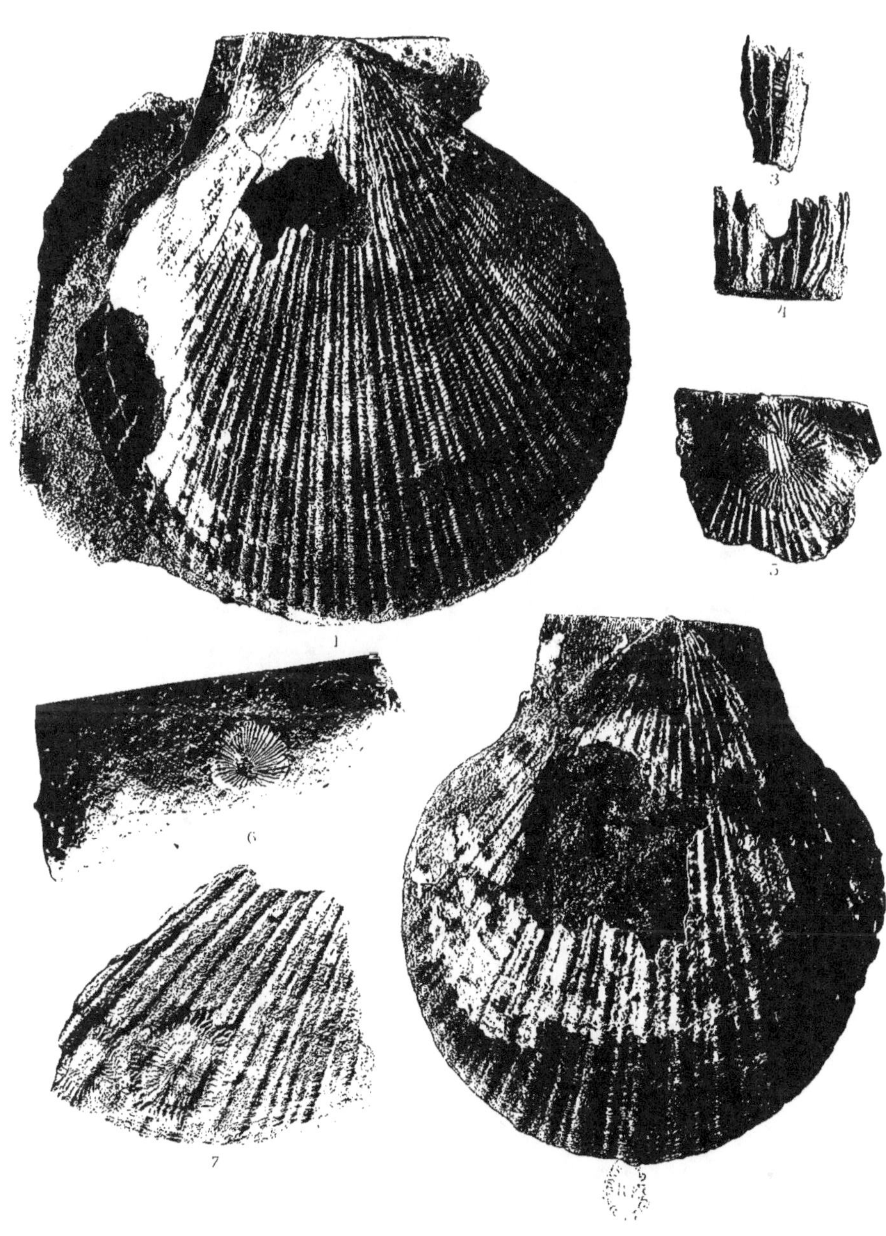

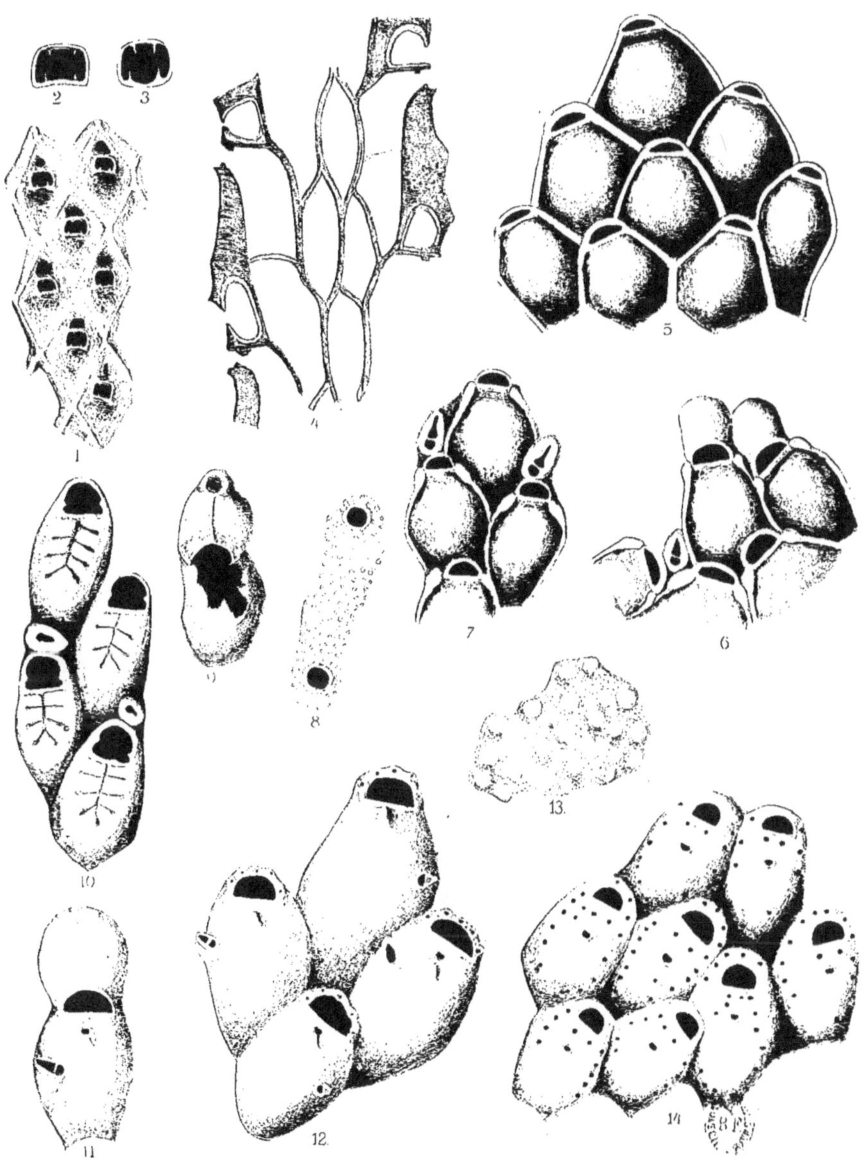

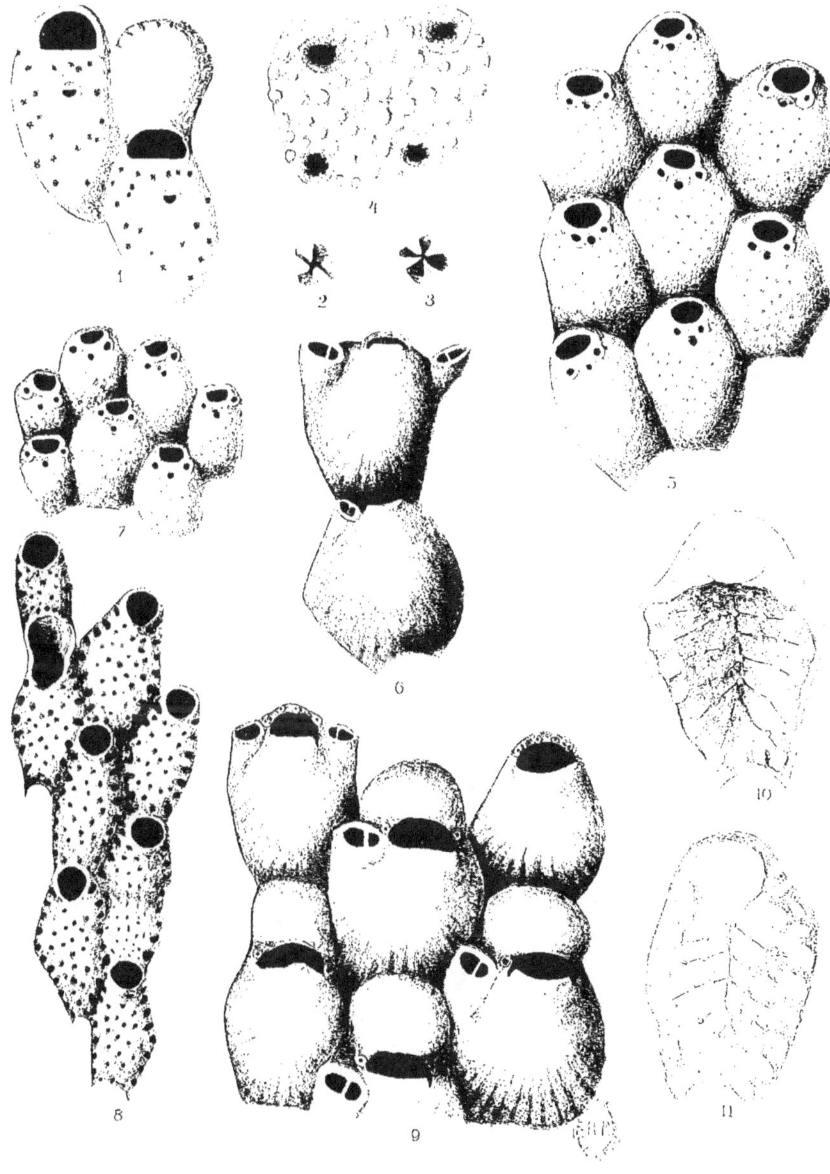

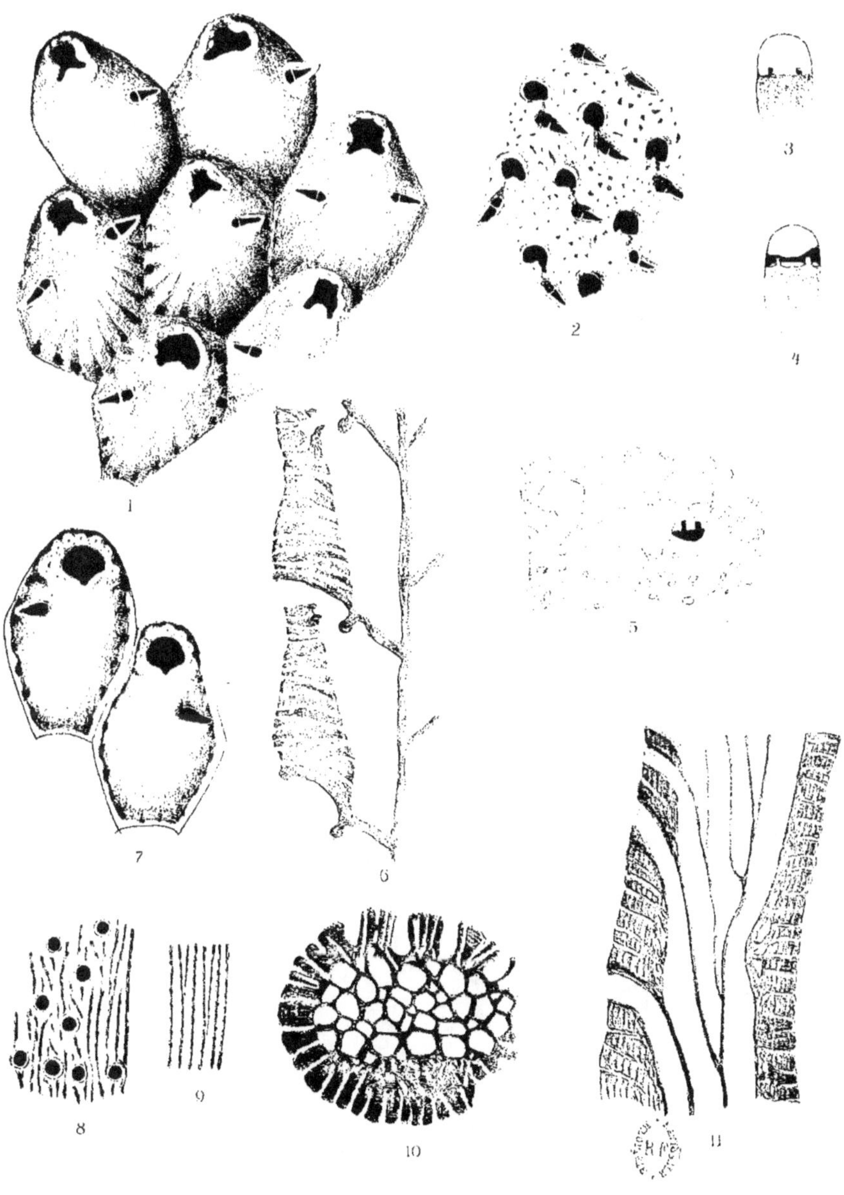

Delin. A. Bennig   Ljuste. A.B. Logrelins & Westphal. Stockholm

Lief. 8. GOTHAN, W. Die fossilen Hölzer von der Seymour- und Snow Hill-Insel. Mit 2 Doppeltafeln. Preis Mark 5.—. (Für Subskribenten Mark 4.—).

Lief. 9. HOLLAND, R. Fossil Foraminifera. With 2 Plates. Preis Mark 3.—. (Für Subskribenten Mark 2.—).

Lief. 10. HENNIG, A. Le conglomérat pleistocène à Pecten. Avec 5 planches. Preis Mark 7.—. (Für Subskribenten Mark 5.—).

Lief. 11. LAMBERT, J. Les Echinides fossiles. Avec 1 planche. Preis Mark 4.—. (Für Subskribenten Mark 3.—).

Lief. 12. WILCKENS, O. Die Anneliden, Bivalven und Gastropoden der antarktischen Kreideformation. Mit 4 Doppeltafeln. Preis Mark 12.—. (Für Subskribenten Mark 9.—).

Lief. 13. WILCKENS, O. Die tertiären Mollusken. Mit 1 Doppeltafel. Preis Mark 4.—. (Für Subskribenten Mark 3.—).

Band IV. **Botanik.**

Erste Abteilung:

Lief. 1. STEPHANI, F. Hepaticæ. Preis Mark 1.50.

Lief. 2. SKOTTSBERG, C. Feuerländische Blüten. Mit 89 Textfiguren. Preis Mark 6.25. (Für Subskribenten Mark 5.—).

Lief. 3. SKOTTSBERG, C. Die Gefässpflanzen Südgeorgiens. Mit 2 Tafeln und 1 Karte. Preis Mark 4.—. (Für Subskribenten Mark 3.—).

Lief. 4. SKOTTSBERG, C. Zur Flora des Feuerlandes. Mit 2 Tafeln und 1 Karte. Preis Mark 8.75. (Für Subskribenten Mark 7.—).

Lief. 5. FOSLIE, M. Corallinaceæ. With 2 Plates. Preis Mark 4.—. (Für Subskribenten Mark 3.—).

Lief. 6. SKOTTSBERG, C. Die Meeresalgen. I. Phæophyceen. Mit 10 Tafeln, 187 Textfiguren und 1 Karte. Preis M. 16.—. (Für Subskr. M. 12.—).

Lief. 7. EKELÖF, E. Bakteriologische Studien. Mit 1 Tafel. Preis Mark 8.50. (Für Subskribenten Mark 6.50).

Preis der ersten Abteilung des Bandes IV: Mark 49.—. (Bei Subskription auf das ganze Werk Mark 38.—).

Zweite Abteilung:

Lief. 8. CARDOT, J. La flore bryologique. Avec 11 planches. Preis Mark 25.—. (Für Subskribenten Mark 20.—).

Lief. 9. SKOTTSBERG, C. Pflanzenphysiognomie des Feuerlandes. Mit 3 Tafeln und 1 Karte. Preis Mark 6.—. (Für Subskribenten Mark 4.50).

Lief. 10. SKOTTSBERG, C. Das Pflanzenleben der Falklandinseln. Preis Mark 4.—. (Für Subskribenten Mark 3.—).

Band V. **Zoologie I.**

Lief. 1. ANDERSSON, K. A. Brutpflege bei Antedon hirsuta Carpenter. Mit 2 Tafeln. Preis Mark 2.—.

Lief. 2. ANDERSSON, K. A. Das höhere Tierleben. Mit 10 Tafeln und 2 Karten. Preis Mark 13.—. (Für Subskribenten Mark 10.—).

Lief. 3. MICHAELSEN, W. Die Oligochæten. Mit 1 Tafel. Preis Mark 1.50.

(Forsetzung von Seite 3)

Lief. 4. EKMAN, S. Cladoceren und Copepoden aus antarktischen und sub-
antarktischen Binnengewässern. Mit 3 Tafeln. Preis Mark 4.—.

Lief. 5. LÖNNBERG, E. Die Vögel. Preis Mark 1.—.

Lief. 6. LÖNNBERG, E. The Fishes. With 5 Plates. Preis Mark 10.—.
(Für Subskribenten Mark 8.—).

Lief. 7. LAGERBERG, T. Anomoura und Brachyura. Mit 1 Tafel. Preis
Mark 4.—. (Für Subskribenten Mark 3.—).

Lief. 8. JÄDERHOLM, E. Die Hydroiden. Mit 14 Tafeln. Preis Mark 14.—.
(Für Subskribenten Mark 11.—).

Lief. 9. WAHLGREN, E. Die Collembolen. Mit 2 Tafeln. Preis Mark 4.—.
(Für Subskribenten Mark 3.—).

Lief. 10. ANDERSSON, K. A. Die Pterobranchier. Mit 8 Tafeln. Preis Mark
14.—. (Für Subskribenten Mark 11.—).

Lief. 11. TRÄGÅRDH, I. The Acari. With 3 Plates and 56 Text-Figures.
Preis Mark 4.50. (Für Subskribenten Mark 3.50).

Preis des ganzen Bandes V: Mark 72.—. (Bei Subskription auf das ganze
Werk Mark 58.—).

Band VI. **Zoologie II.**

Lief. 1. STREBEL, H. Die Gastropoden. Mit 6 Tafeln. Preis Mark 9.—.
(Für Subskribenten Mark 7.—).

Lief. 2. RICHTERS, F. Moosbewohner. Mit 1 Tafel. Preis Mark 3.—. (Für
Subskribenten Mark 2.—).

Lief. 3. ZIMMER, C. Die Cumaceen. Mit 133 Figuren auf 8 Tafeln. Preis
Mark 6.—. (Für Subskribenten Mark 4.—).

Lief. 4. MORTENSEN, TH. The Echinoidea. With 19 Plates. Preis Mark
20.—. (Für Subskribenten Mark 16.—).

Lief. 5. CARLGREN, O. Über Dactylanthus (Cystiactis) antarcticus (Clubb).
Mit 2 Tafeln. Preis Mark 4.—. (Für Subskribenten Mark 3.—).

Lief. 6. ARWIDSSON, I. Die Maldaniden. Im Druck.

Für Subskribenten auf das ganze Werk berechnet sich der Preis auf
M 400—450. *Doch für Subskribenten, die sich vor dem 1. November*
1911 melden und sofort den Betrag einsenden, wird dieser Preis auf
£ 15 = M 305 = Frcs 375 ermässigt. Alle folgenden Lieferungen werden in diesem Falle sofort beim Erscheinen den Subskribenten portofrei
zugeschickt.

Stockholm. P. A. Norstedt & Söner 1911.

www.ingramcontent.com/pod-product-compliance
Lightning Source LLC
Chambersburg PA
CBHW051229030726
47595CB00003B/810